GUIA DE NUTRIÇÃO
PARA ESPÉCIES FLORESTAIS NATIVAS

Maria Claudia Mendes Sorreano
Ricardo Ribeiro Rodrigues

Antonio Enedi Boaretto

Copyright © 2012 Oficina de Textos

Grafia atualizada conforme o Acordo Ortográfico da Língua Portuguesa de 1990, em vigor no Brasil a partir de 2009.

Conselho editorial Cylon Gonçalves da Silva; Doris C. C. K. Kowaltowski; José Galizia Tundisi; Luis Enrique Sánchez; Paulo Helene; Rozely Ferreira dos Santos; Teresa Gallotti Florenzano;

Capa Malu Vallim
Preparação de textos Felipe Marques
Projeto gráfico e diagramação Malu Vallim
Revisão de textos Gerson Silva
Impressão e acabamento Intergraf

Dados Internacionais de Catalogação na Publicação (CIP)
(Câmara Brasileira do Livro, SP, Brasil)

Sorreano, Maria Claudia Mendes
 Guia de nutrição para espécies florestais nativas / Maria Claudia Mendes Sorreano, Ricardo Ribeiro Rodrigues, Antonio Enedi Boaretto. --
São Paulo : Oficina de Textos, 2012.

 Bibliografia
 ISBN 978-85-7975-049-6

 1. Adubos e fertilizantes 2. Florestas - Restauração 3. Plantas nativas - Nutrição I. Rodrigues, Ricardo Ribeiro. II. Boaretto, Antonio Enedi. III. Título.

12-03806   CDD-581.1

Índices para catálogo sistemático:
1. Espécies florestais nativas : Guia de nutrição : Botânica 581.1

Todos os direitos reservados à **Editora Oficina de Textos**
Rua Cubatão, 959
CEP 04013-043 São Paulo SP
tel. (11) 3085-7933 (11) 3083-0849
www.ofitexto.com.br   atend@ofitexto.com.br

Mensagem institucional FEE

A Fundação Espaço ECO foi instituída em 2005 por uma parceria entre a BASF – empresa química líder mundial – e a GIZ (agência do governo alemão para a cooperação internacional). Qualificada como Oscip (organização da sociedade civil de interesse público), é o primeiro Centro de Excelência em Gestão e Educação para Sustentabilidade na América Latina, situada em São Bernardo do Campo (SP) em área de aproximadamente 300 mil m², considerada Reserva da Biosfera do Cinturão Verde do Estado de São Paulo pela Unesco. Tem como missão promover o desenvolvimento sustentável por meio da aplicação de soluções e tecnologias em socioecoeficiência e educação para a sustentabilidade.

A BASF, em conjunto com seus parceiros, acredita que pode construir um futuro de sucesso, desenvolvendo soluções inteligentes, sobretudo por oferecer a empresas de toda a América Latina a possibilidade de utilizar as metodologias já consagradas pela organização. Com a Fundação Espaço ECO, renova-se esse compromisso e, consequentemente, são ampliadas ações em prol do desenvolvimento sustentável e da criação de uma cadeia de valor.

A Fundação Espaço ECO busca auxiliar empresas, sociedade civil, ONGs e universidades parceiras a incorporar os conceitos da sustentabilidade em sua gestão e suas decisões estratégicas, disponibilizando-lhes análises e soluções que considerem o equilíbrio entre os pilares econômico, ambiental e social.

FERRAMENTAS DE GESTÃO PARA A SUSTENTABILIDADE

A FEE é responsável pela aplicação da análise de **Ecoeficiência** na América Latina. Essa é uma ferramenta de gestão desenvolvida pela BASF, na Alemanha, e constitui uma inovadora metodologia que compara produtos e processos, considerando aspectos ambientais, de acordo com a norma NBR ISO14040, bem como aspectos econômicos, como preço, investimentos e manutenção de equipamentos, entre outros.

Outra ferramenta, também desenvolvida pela BASF e aplicada pela FEE, é o **SEEBalance®**, ou análise de socioecoeficiência – ferramenta mais abrangente para mensuração da sustentabilidade de um produto ou processo, pois considera – além dos aspectos ambientais e econômicos já previstos pela análise de ecoeficiência – os aspectos sociais (treinamento profissional, investimentos em gerações futuras, igualdade de gênero, entre outros) ao longo de todo o ciclo de vida das alternativas avaliadas.

Por meio da Fundação, essas metodologias estão à disposição de organizações interessadas em utilizá-las para avaliar a sustentabilidade de seus produtos e de seus processos, possibilitando agregar vantagem competitiva ao produto e às empresas que fazem uso delas.

Educação para a Sustentabilidade

Os programas de Educação para a Sustentabilidade visam promover a transformação socioambiental de pessoas, organizações e sistemas ecológicos, integrando os interesses dos públicos de relacionamento por meio de atividades que contemplam diferentes metodologias voltadas ao aprendizado, à mudança de comportamento e à promoção da biodiversidade.

Dentre as ferramentas utilizadas pela FEE para alcançar esse objetivo estão a gestão de núcleos de educação socioambiental, programas voltados para escolas ecoeficientes, capacitações e *workshops* voltados ao estímulo de competências organizacionais baseadas nos conceitos da ecoeficiência.

Além disso, outra forma de alcançar a sustentabilidade é utilizar a restauração ambiental como processo educativo. A partir de parcerias com universidades, centros de pesquisa, empresas privadas e outras instituições, os projetos de Restauração Ambiental da Fundação objetivam a restauração de espaços urbanos, áreas de preservação permanente e reserva legal, conforme a legislação ambiental brasileira.

Também como responsável pela implementação do Programa Mata Viva de Adequação e Educação Ambiental, a Fundação Espaço ECO contribui com a experiência em treinamento, diagnóstico de áreas, implantação de programas de adequação ambiental, manutenção e monitoramento, beneficiando os agricultores a facilitar o acesso ao crédito, bem como a exportação de produtos agrícolas.

Com essa forma de atuação, a FEE contribui para o desenvolvimento sustentável, incentivando a troca de conhecimento e tecnologia, a construção de valores socioambientais e, sobretudo, a geração de soluções para o equilíbrio entre os pilares econômico, ambiental e social na sociedade.

Agradecimentos

O *Guia de nutrição para espécies florestais nativas* foi conduzido com o apoio de pesquisadores que acreditaram no potencial científico desta obra.

Nosso agradecimento especial à Fundação de Amparo à Pesquisa do Estado de São Paulo (Fapesp), pelo apoio financeiro (Proc. nº 02/13194-3) e pela bolsa de doutorado da primeira autora (Proc. nº 02/13193-7).

A Cleusa Pereira Cabral, Francisco C. Antoniolli, Henriqueta M. G. Fernandes, Juliana G. Giovannini, Mônica L. Rossi, Renata B. Cruz, Renata N. Martello e Suzineide de F. M. de Almeida, pela amizade, carinho e pronta disposição em nos auxiliar nas dificuldades enfrentadas na elaboração e conclusão deste Guia.

Aos professores Milton Ferreira de Moraes e Hilton Thadeu Zarate do Couto, pela paciência, empenho e amizade, que foram essenciais para a conclusão desta obra.

Ao diretor do Centro de Energia Nuclear na Agricultura (Cena/USP) e aos professores Cássio Hamilton Abreu Júnior e Neusa de Lima Nogueira, que possibilitaram a realização das atividades dentro dos laboratórios, como na casa de vegetação, no decorrer dos anos em que este Guia foi produzido.

Por fim, nossa sincera gratidão a todos os funcionários do Cena/USP, que, além de nos receberem com muito carinho, nos ajudaram em momentos difíceis enfrentados neste trabalho.

Os autores

Homenagem ao Prof. Dr. Eurípedes Malavolta, um dos idealizadores deste Guia, falecido no dia 19/1/2008

Quando iniciamos um caminho novo, temos como companhia inevitável os fantasmas do medo e da insegurança. Isso ocorre pelo caminhar em direção de algo novo e desconhecido, e é o nosso combustível para sempre seguirmos em frente. Entretanto, às vezes, alguns de nós conseguimos a graça de termos a companhia de um cavalheiro protetor, que nos segue nessa trilha, orientando-nos, protegendo-nos e aconselhando-nos. Esse anjo afasta os fantasmas e dissipa as trevas de nosso caminho. Oh, como são felizes os que conseguem esse privilégio! Eu, felizmente, o consegui: o Prof. Eurípedes Malavolta foi esse inigualável cavalheiro que me acompanhou nesse caminhar, afastando os fantasmas, orientando-me e ajudando-me a tornar esse resultado possível, fazendo meu caminho ser menos tenebroso e assustador. Além de tornar o meu caminho mais confiante, aprendi muito com seu imenso intelecto e também com sua pessoa. Sua paixão pela ciência e pelo saber será minha eterna fonte de inspiração; seu desprendimento de vaidades, sua dedicação e a confiança em mim depositada serão uma lembrança viva dentro de minha alma para sempre. Muito obrigada, Prof. Malavolta, por ter-me ensinado tanto e ter-me permitido te amar e respeitar.

Maria Claudia Mendes Sorreano

Mesmo sem me conhecer pessoalmente, mesmo estando no auge de sua carreira científica, mesmo sem nunca ter trabalhado com isso e mesmo já estando aposentado, o Prof. Eurípedes Malavolta aceitou meu desafio de iniciar um trabalho com nutrição de espécies nativas. Preciso dizer mais alguma coisa desse exemplo de pesquisador? Obrigado, Prof. Malavolta!

Ricardo Ribeiro Rodrigues

Apresentação

Eduardo Leduc

Vice-Presidente Sênior da Unidade de Proteção de Cultivos da BASF para América Latina, Fundação Espaço ECO e Sustentabilidade para América do Sul

A promoção do desenvolvimento sustentável é um dos mais importantes desafios que a humanidade enfrenta. O Brasil é sede de um dos mais importantes eventos mundiais dedicados ao debate sobre essa temática (Rio+20), que envolve as principais lideranças políticas, ambientais, empresariais e científicas na discussão acerca de um futuro harmônico no planeta. Dentro desse contexto, a publicação do *Guia de Nutrição para Espécies Florestais Nativas* é de grande relevância, por tratar da preservação de áreas florestais, proteção climática, conservação ecológica e restauração florestal, dentre outras temáticas.

E o valor desta obra não se revela somente por sua inovação e ineditismo, mas principalmente pela contribuição técnica e científica dirigida às soluções que farão a diferença nos esforços orientados para a sustentabilidade, no que diz respeito às iniciativas de preservação e restauração de florestas nativas no Brasil. O compromisso da BASF com esse tema vai além do desenvolvimento de produtos e soluções inovadores e sustentáveis: o Programa Mata Viva de Adequação e Educação Ambiental, uma iniciativa da BASF com gestão da Fundação Espaço ECO (FEE), em 2012 (ano da Rio + 20) deverá ultrapassar um milhão de mudas de espécies nativas plantadas em matas ciliares em diversas regiões do País cujas áreas servem de modelo para a restauração ambiental.

De forma conectada com os conhecimentos apresentados nesta obra, o Programa Mata Viva utiliza as metodologias mais avançadas para restauração de áreas degradadas, onde a preocupação com a nutrição é um dos aspectos fundamentais observados nos plantios e nas manutenções. Contudo, sabemos da importância em disseminar esse valioso conhecimento para restauração e desenvolvimento de florestas nativas.

Parabenizamos a todos os autores por meio do Prof. Dr. Ricardo Ribeiro Rodrigues, grande parceiro desde o início das atividades da Fundação Espaço ECO, que muito contribui para os trabalhos desenvolvidos pela equipe de Restauração Ambiental da FEE.

Estou certo de que esta obra servirá de base para que profissionais da área possam realizar seu trabalho com critérios técnicos e baseados na ciência e inovação e, assim, também contribuir para um futuro sustentável para as próximas gerações.

Apresentação

Godofredo Cesar Vitti
Professor aposentado - Esalq-USP

Coube-me a honra da apresentação deste guia, inédito e ousado ao mesmo tempo em mostrar que espécies florestais nativas apresentam a necessidade de práticas corretivas e de nutrição, como as plantas cultivadas, para o sucesso da manutenção e da exploração em termos ambientais e econômicos.

A adubação, em termos simplistas, pode ser resumida pela seguinte expressão: ADUBAÇÃO = (PLANTA − SOLO) × f, ou seja, para dimensionar a adubação adequada a uma espécie vegetal, é necessário dimensionar os seguintes fatores:

a) Planta: (1) O que aplicar (nutriente e fontes)? (2) Quanto aplicar? (3) Quando aplicar? (4) Como aplicar os corretivos e os fertilizantes?

b) Solo: Avaliação da fertilidade (estoque de nutrientes no solo), que pode ser avaliada por meio das técnicas de diagnose visual (aspecto da parte aérea e do sistema radicular), diagnose foliar (análise mineral do teor de nutrientes nas folhas) e análise química do solo.

c) f: Uso eficiente do fertilizante, decorrente da "competição" entre o sistema (solo-planta-atmosfera) e a planta ("cultura") pelo fertilizante aplicado.

Observa-se, nesse contexto, que a contribuição deste guia é fundamental, pois permite o dimensionamento da fertilidade do solo pela diagnose visual (sintomas de deficiência de nutrientes) e diagnose foliar (teores de nutrientes em folhas superiores e inferiores).

Parabéns aos autores desta obra, Maria Claudia, Ricardo Ribeiro e Antonio Enedi, que direta ou indiretamente tiveram seus conhecimentos, iniciativas e inspirações norteados pela figura lendária do saudoso Professor Eurípedes Malavolta, o qual nos ensinou de forma simples e elementar a ciência da nutrição mineral das plantas.

Prefácio

Os vegetais têm importantes finalidades para a humanidade, pois fornecem alimentos, vestuários, combustíveis e remédios, além de propiciar a renovação ambiental e embelezar o nosso Planeta. Para viver, as plantas necessitam adquirir nutrientes no ambiente e assim se desenvolver e completar seu ciclo vital. A nutrição de plantas, como ciência que é, tem como objetivo conhecer os nutrientes exigidos e as funções que os mesmos desempenham na vida vegetal, sendo a base para que a adubação seja feita de maneira racional, sem prejuízo para o ambiente.

Desde o início da agricultura, ocorrida por volta de 10 mil anos antes da era cristã, até fins do século XVII, quando os primeiros estudos foram realizados, pouco se sabia sobre a vida vegetal. As pesquisas de nutrição mineral de plantas a partir de seu início até o presente teve grande evolução, fornecendo as bases técnicas para a obtenção de grande quantidade de alimentos. Com a disponibilização de alimentos, a população mundial, que tinha atingido 1 bilhão de habitantes no início do século XIX, chegou atualmente a mais de 7 bilhões, ocorrendo uma verdadeira explosão demográfica. Os alimentos produzidos foram obtidos em novas áreas de cultivo, em detrimento às florestas que existiam nesses locais, assim como pelo aumento da produtividade nas áreas de cultivo já tradicionalmente utilizadas.

Hoje é grande a preocupação em termos mundiais de conservar as florestas que restam e de recuperar ambientes degradados por meio do reflorestamento. Para justificar a importância desse tema, basta lembrar que a Organização das Nações Unidas (ONU) declarou 2011 o Ano Internacional das Florestas, com o objetivo de sensibilizar a sociedade mundial para a importância da relação entre as florestas e a vida no nosso Planeta. As florestas cobrem aproximadamente um terço da área terrestre do Planeta, servem de abrigo para 300 milhões de pessoas de todo o mundo e, ainda, garantem de forma direta a sobrevivência de 1,6 bilhão de seres humanos e 80% da biodiversidade terrestre.

Como o próprio nome indica, o *Guia de nutrição para espécies florestais nativas*, que ora vem à luz, é uma publicação destinada a orientar aqueles que pesquisam e/ou ensinam na área de nutrição mineral de plantas das matas brasileiras. Na literatura, há muitas obras que tratam da nutrição das plantas cultivadas com objetivos de produção de alimento, fibra, energia, medicamentos e para fins de ornamentação, mas este guia se distingue dessas literaturas pelas espécies utilizadas no estudo. As 14 espécies submetidas à deficiência de nutrientes para fins de descrição dos sintomas e dos consequentes efeitos microscópicos em seus tecidos são todas nativas do Brasil e muito usadas nos projetos de reflorestamento ou de recuperação de áreas degradadas. As espécies vegetais nativas se alimentam dos mesmos nutrientes que as plantas cultivadas, mas existem algumas particularidades, que estão explícitas na presente obra. Os conhecimentos da nutrição mineral de plantas nativas são fundamentais e necessários para gerir, conservar e explorar as florestas e, nesse aspecto, a literatura é muito escassa.

O *Guia de nutrição para espécies florestais nativas* segue um modelo diferente dos livros convencionais, que são divididos em capítulos. Por ser fruto da tese de doutorado da Dra. Maria Claudia Mendes Sorreano, o livro relata, na seção "Conceitos básicos", os critérios de essencialidade dos nutrientes e suas funções na vida vegetal, bem como descreve de forma geral a sintomatologia da carência desses nutrientes em espécies florestais. Na seção "Material e métodos" são descritos os procedimentos adotados para se obter a sintomatologia de carência dos nutrientes, os quais poderão servir de orientação para novos estudos similares. Em "Resultados e discussões", inicialmente é proposta uma chave para identificação visual dos sintomas de carência nutricional para espécies florestais, seguida de uma descrição detalhada dos sintomas observados. Ao final, são apresentadas fotografias obtidas por meio de microscopia, mostrando como os sintomas visuais são consequência de sintomas internos que afetam as células e os tecidos das plantas, com reflexos em seu desenvolvimento, e que podem impedir que os projetos de reflorestamento e de recuperação de áreas degradadas atinjam de maneira satisfatória os seus objetivos.

Assim, esperamos que todos os usuários deste guia possam ter uma visão geral da nutrição mineral de espécies nativas brasileiras e tirem proveito da descrição aprofundada sobre a nutrição das espécies abordadas neste livro, todas com importante papel em projetos de reflorestamento e de recuperação de áreas degradadas.

Sumário

1 **CONCEITOS BÁSICOS** 17
   1.1 Essencialidade dos elementos minerais 18
   1.2 Funções e sintomas de deficiência dos nutrientes minerais 20
      1.2.1 Nitrogênio (N) 24
      1.2.2 Fósforo (P) 26
      1.2.3 Potássio (K) 27
      1.2.4 Cálcio (Ca) 29
      1.2.5 Magnésio (Mg) 31
      1.2.6 Enxofre (S) 32
      1.2.7 Boro (B) 34
      1.2.8 Cobre (Cu) 35
      1.2.9 Ferro (Fe) 36
      1.2.10 Manganês (Mn) 37
      1.2.11 Molibdênio (Mo) 38
      1.2.12 Zinco (Zn) 40

2 **MATERIAL E MÉTODOS** 43
   2.1 Solução nutritiva 43
   2.2 Condução das espécies nativas em solução nutritiva 44

3 **RESULTADOS E DISCUSSÕES** 49
   3.1 Chave geral para identificação dos sintomas de deficiências de macro e micronutrientes em espécies florestais nativas 49
      3.1.1 Macronutrientes 49
      3.1.2 Micronutrientes 50
          Tratamento Completo 51
          Sintomas de deficiência de Nitrogênio (N) 65
          Sintomas de deficiência de Fósforo (P) 79
          Sintomas de deficiência de Potássio (K) 93
          Sintomas de deficiência de Cálcio (Ca) 107

Sintomas de deficiência de Magnésio (Mg)   123
Sintomas de deficiência de Enxofre (S)   135
Sintomas de deficiência de Boro (B)   149
Sintomas de deficiência de Cobre (Cu)   163
Sintomas de deficiência de Ferro (Fe)   177
Sintomas de deficiência de Manganês (Mn)   191
Sintomas de deficiência de Molibdênio (Mo)   205
Sintomas de deficiência de Zinco (Zn)   219

3.2 Microscopia eletrônica aplicada à nutrição florestal   233
   3.2.1   Obtenção de imagens de ultraestrutura do mesófilo foliar   233

3.3 Considerações finais   246

REFERÊNCIAS BIBLIOGRÁFICAS   249

SOBRE OS AUTORES   255

1 Conceitos básicos

A sobrevivência e o desenvolvimento no período inicial do ciclo de vida de uma planta afetam não só a abundância e a distribuição da espécie, mas a composição e a estrutura das comunidades vegetais (Harper, 1977; Denslow, 1991; Clark; Clark, 1985; Melo et al., 2004). Os riscos encontrados durante o estabelecimento de uma plântula podem representar a principal e última barreira para que um indivíduo sobreviva no campo (Fenner, 1987).

Durante o surgimento e a evolução de uma floresta, as espécies demonstram exigências nutricionais e ambientais muito específicas (Whitmore, 1996), e o simples plantio de espécies da flora regional não garante a sobrevivência dessas mudas no campo. Além disso, implantações de florestas têm ocorrido principalmente em solos de baixa fertilidade natural, nos quais o uso de fertilizantes tem sido restrito por causa da carência de estudos sobre as exigências nutricionais e a resposta à fertilização de espécies arbóreas nativas (Furtini Neto et al., 2000b).

Estudos voltados à restauração florestal têm se concentrado na avaliação de modelos de recuperação e nos aspectos botânicos ou silviculturais, e trabalhos envolvendo aspectos básicos ou aplicados de fertilidade do solo e nutrição mineral de plantas raramente são inseridos nesses estudos.

Dentre os poucos estudos envolvendo a nutrição vegetal, podemos citar Barbosa (1994); Dias, Faria e Franco (1994); Duboc (1994); Braga et al. (1995); Muniz e Silva (1995); Silva, Furtini Neto e Curi (1996); Venturin et al. (1996, 2000, 2005); Daniel et al. (1997); Lima et al. (1997); Renó et al. (1997); Silva et al. (1997); Veloso et al. (1998a, 1998b); Salvador, Moreira e Muraoka (1999); Resende et al. (1999); Mendonça et al. (1999); Furtini Neto et al. (2000b); Silveira et al. (2002); Viégas et al. (2002); Sarcinelli et al. (2004); Marques et al. (2004); Barroso et al. (2005); Sorreano et al. (2008, 2011), os quais restringem a avaliação nutricional a uma ou poucas espécies florestais e, ainda, várias delas não nativas ou ocorrentes nas florestas estacionais semidecíduas.

Entretanto, os modelos mais recomendados de recuperação de áreas degradadas têm em comum o uso de um grande número de espécies regionais de diferentes grupos ecológicos, consequentemente, de exigências nutricionais também distintas, dificultando as recomendações de fertilização específica para cada espécie e/ou grupos ecológicos (Gonçalves et al., 2000).

O suprimento inadequado de macro e micronutrientes resulta em sintomas de desordem nutricional que são característicos do elemento (Malavolta, 2006); no entanto, a severidade da deficiência pode estar associada à espécie ou variedade da planta, bem como a fatores ambientais (Epstein; Bloom, 2005). Contudo, os sintomas visíveis de deficiências nutricionais podem ser usados para se estabelecer uma técnica rápida e simples para avaliação das possíveis causas da falência da planta no campo em razão dos nutrientes, ou para fazer estimativa do *status* nutricional e das necessidades de nutrientes (Römheld, 2001).

Os sintomas visíveis das deficiências nutricionais em espécies florestais nativas permitem a identificação do nutriente que está faltando e indicam a correção das deficiências, possibilitando, dessa maneira, intervenção correta sem desperdício, com menor impacto ambiental, ajudando na sobrevivência das espécies no campo e, consequentemente, no aprimoramento e sucesso dos projetos de recuperação de áreas degradadas.

1.1 Essencialidade dos elementos minerais

Para estabelecer a essencialidade dos elementos minerais para os vegetais e seus papéis no metabolismo, foram feitos experimentos com plantas superiores crescendo em solo e em água (soluções nutritivas) (Läuchli; Bieleski, 1983; Marschner, 1995 etc.).

Os elementos minerais essenciais, também denominados nutrientes minerais das plantas, foram descobertos ao longo do tempo, e são aqueles que atendem aos três critérios de essencialidade: (1) um elemento é essencial quando a planta não consegue completar seu ciclo de vida na sua ausência; (2) o elemento tem função específica e não pode ser substituído; (3) o elemento deve estar envolvido diretamente no metabolismo da planta, fazendo parte de um constituinte essencial (p.ex., uma enzima), ou ser exigido para um passo metabólico específico (p.ex., numa reação enzimática).

É considerado útil ou benéfico o elemento mineral cuja presença no meio neutraliza efeitos químicos, físicos ou biológicos desfavoráveis, compensando o efeito tóxico de outros ou substituindo parcialmente as funções menos específicas de um elemento essencial. Por exemplo, os elementos que substituem parcialmente a função de manutenção da pressão osmótica (função não essencial) são denominados benéficos (Marschner, 1995). Os nutrientes minerais essenciais conhecidos até o momento estão relacionados na Tab. 1.1.

Tab. 1.1 ELEMENTOS ESSENCIAIS ÀS PLANTAS SUPERIORES

	Níveis médios de nutrientes nos tecidos de plantas	
Elemento	Concentração na matéria seca	Número relativo de átomos em relação ao molibdênio
Elementos obtidos da água ou dióxido de carbono		
	%	
Hidrogênio (H)	6	60.000.000
Carbono (C)	45	40.000.000
Oxigênio (O)	45	30.000.000
Elementos obtidos do solo		
Macronutrientes	%	
Nitrogênio (N)	1,5	1.000.000
Fósforo (P)	0,2	60.000
Potássio (K)	1	250.000
Cálcio (Ca)	0,5	125.000
Magnésio (Mg)	0,2	80.000
Enxofre (S)	0,1	30.000
Micronutrientes	ppm	
Boro (B)	20	2.000
Cloro (Cl)	100	3.000
Cobre (Cu)	6	100
Ferro (Fe)	100	2.000
Manganês (Mn)	50	1.000
Molibdênio (Mo)	0,1	1
Níquel (Ni)	0,1	2
Zinco (Zn)	20	300

Fonte: Epstein (1975).

O silício (Si) e o cobalto (Co) foram considerados, a princípio, como elementos essenciais para as plantas superiores; entretanto, recentemente, ambos têm sido classificados como elementos benéficos, juntamente com o sódio (Na), por serem essenciais a um número restrito de espécies. O Na e o Si são abundantes na biosfera e são exigidos em quantidades pequenas por algumas espécies de plantas. O Co é exigido pelas leguminosas fixadoras de N atmosférico e o Si, por algumas gramíneas. O Se e o Al são também considerados elementos benéficos para algumas espécies, em pequenas quantidades (Epstein; Bloom, 2005).

Os elementos essenciais são separados entre macro e micronutrientes. Essa classificação baseia-se apenas na concentração ou no teor em que o elemento aparece na matéria seca, a qual vai ser refletida nas quantidades exigidas, contidas, ou fornecidas (pelo solo, pelo adubo ou por ambos) no processo de formação das espécies. Como exemplo, podem ser citados os teores de macro e micronutriente obtidos nas análises foliares das espécies florestais estudadas neste guia (Tab. 1.2). Como é possível observar, as quantidades dos macronutrientes são dadas em g/kg, enquanto as de micronutrientes aparecem numa escala 1.000 vezes menor, isto é, em mg/kg.

1.2 Funções e sintomas de deficiência dos nutrientes minerais

Por definição, os nutrientes minerais têm funções específicas e essenciais no metabolismo da planta. Dependendo da quantidade requerida de um dado nutriente, o elemento pode ser classificado como macronutriente ou micronutriente. Outra classificação, baseada nas propriedades físico-químicas, divide os nutrientes em metais (potássio, cálcio, magnésio, ferro, zinco, cobre, molibdênio e níquel) e não metais (nitrogênio, enxofre, cloro). As duas classificações são inadequadas, uma vez que cada nutriente mineral pode realizar uma variedade de funções, algumas das quais são pouco correlacionadas com a quantidade requerida ou com as propriedades físico-químicas. Um nutriente mineral pode funcionar como constituinte de uma estrutura orgânica, como ativador de reações enzimáticas, como transportador de cargas ou como osmorregulador (Marschner, 1995).

A principal função de nutrientes minerais como nitrogênio, enxofre e fósforo é servirem como constituintes de proteínas e ácidos nucleicos. Outros nutrientes minerais, como magnésio e os

Tab. 1.2 Teor foliar de macro e micronutrientes das espécies florestais cultivadas em solução nutritiva de Johnson et al. (1957), modificada (diluída a ½)

	Teores de Macronutrientes g/kg											
	$N^{(1)}$	$-N^{(1)}$	$P^{(1)}$	$-P^{(1)}$	$K^{(1)}$	$-K^{(1)}$	$Ca^{(2)}$	$-Ca^{(2)}$	$Mg^{(1)}$	$-Mg^{(1)}$	$S^{(2)}$	$-S^{(2)}$
*Ceiba speciosa	18	11	3,9	0,8	15	3	18	4	8,0	3,7	2,9	1,3
*Cecropia pachystachya	10	7	2,4	0,5	5	1	14	3	2,7	1,8	2,4	1,2
*Croton urucurana	16	10	5,6	0,7	34	4	16	2	8,3	4,2	3,5	1,9
*Acacia polyphylla	31	19	2,7	1,0	11	4	15	4	3,7	2,7	2,1	1,7
*Enterolobium contortisiliquum	22	15	2,5	0,6	16	4	12	3	9,1	4,1	2,7	1,8
*Guazuma ulmifolia	18	11	5,9	0,6	13	4	29	6	12,2	2,5	4,0	1,6
*Aegiphila sellowiana	23	18	3,7	1,7	18	6	16	3	4,7	2,6	2,7	1,9
*Cytharexyllum myrianthum	20	12	9,2	1,0	22	7	22	5	8,5	3,6	3,7	1,5
*Tapirira guianensis	15	7	3,9	0,6	16	7	10	3	2,3	1,8	1,5	1,0
**Lonchocarpus muehlbergianus	19	15	2,8	1,2	17	6	12	2	7,5	4,9	1,7	1,3
**Cariniana legalis	21	15	5,5	1,6	19	5	26	4	6,2	3,5	3,0	1,9
**Astronium graveolens	18	10	2,7	0,7	14	4	13	4	4,6	2,8	3,1	1,0
***Hymenaea courbaril	28	14	14,5	1,9	10	4	10	2	3,1	1,6	2,7	0,9
***Esenbeckia leiocarpa	26	20	9,8	1,7	25	12	10	4	2,7	1,5	3,1	2,1

Tab. 1.2 (continuação)

Teores de Micronutrientes mg/kg

	B[(2)]	-B[(2)]	Cu[(2)]	-Cu[(2)]	Fe[(2)]	-Fe[(2)]	Mn[(2)]	-Mn[(2)]	Mo[(1)]	-Mo[(1)]	Zn[(2)]	-Zn[(2)]
*Ceiba speciosa	77	28	3	1	522	158	27	9	1,46	0,14	36	15
*Cecropia pachystachya	54	30	3	2	411	218	23	10	0,81	0,32	42	14
*Croton urucurana	65	33	2	1	168	45	39	8	1,76	0,25	32	13
*Acacia polyphylla	60	33	2	1	149	51	59	12	0,45	0,05	16	10
*Enterolobium contortisiliquum	73	31	3	1	134	72	24	8	1,01	0,12	82	12
*Guazuma ulmifolia	90	30	4	1	335	148	171	9	1,71	0,10	41	25
*Aegiphila sellowiana	46	32	2	1	120	86	20	7	10,11	0,67	30	10
*Cytharexyllum myrianthum	65	34	3	1	253	167	26	14	1,00	0,13	23	15
*Tapirira guianensis	48	26	2	1	276	162	24	15	0,81	0,10	20	9
**Lonchocarpus muehlbergianus	60	32	2	1	123	94	16	7	0,90	0,29	21	15
**Cariniana legalis	70	36	4	2	634	323	31	9	1,16	0,11	28	14
**Astronium graveolens	41	30	2	1	227	139	10	5	1,63	0,40	21	9
***Hymenaea courbaril	93	32	4	2	279	146	77	9	0,23	0,10	27	16
****Esenbeckia leiocarpa	27	17	2	1	288	200	19	10	1,45	0,09	18	15

[(1)] Teores dos nutrientes determinados nas folhas inferiores. [(2)] Teores dos nutrientes determinados nas folhas superiores.
*Espécies pioneiras; **Espécies secundárias iniciais e tardias; ***Espécies clímax.

micronutrientes, podem funcionar como constituintes de estruturas orgânicas, predominantemente envolvidos na função catalítica de enzimas. O potássio e, presumivelmente, o cloro são os únicos elementos minerais que não são constituintes de estruturas orgânicas. Eles funcionam principalmente na osmorregulação (p.ex., vacúolos), na manutenção do equilíbrio eletroquímico nas células e seus compartimentos, e na regulação das atividades enzimáticas (Marschner, 1995).

O suprimento inadequado de um elemento essencial resulta em distúrbio nutricional que se manifesta por sintomas de deficiência característicos (Taiz; Zeiger, 2004), que podem aparecer em folhas, caules ou frutos.

O motivo pelo qual o sintoma é típico do elemento é o fato de um dado nutriente exercer sempre as mesmas funções, qualquer que seja a espécie (Marschner, 1995). Entretanto, deve-se ter em mente que, antes da manifestação visível da deficiência, o crescimento e a produção já poderão estar limitados; é o que se chama de "fome escondida". O sintoma visível é o fim de uma série de eventos, que tem início com alterações em nível molecular, agrava-se para modificações subcelulares, intensifica-se com alterações celulares e atinge o tecido, modificando-o, o que ocasiona a expressão de sintomas visíveis (Malavolta; Vitti; Oliveira, 1997).

Contudo, o amarelecimento ou clorose das folhas, sintoma comumente verificado, pode ser causado por outros fatores como toxicidade nutricional, estresse ambiental (temperatura, água, vento etc.), fatores genéticos, substâncias químicas (herbicidas, pesticidas etc.), poluentes, animais herbívoros (insetos etc.) e patógenos (fungos, bactérias, vírus). Esse sintoma pode ser confundido com os de carência mineral (Dell; Malajczuk; Grove, 1995).

No entanto, existem dois aspectos importantes que ajudam a distinguir os sintomas de deficiência (ou de excesso) nutricional dos causados por pragas e doenças: a simetria do sintoma, bem como o gradiente do sintoma e a sua localização. Os sintomas de deficiência nutricional ocorrem de maneira simétrica, ou seja, nas folhas de ambos os lados dos ramos. Caso isso não ocorra, as normalidades observadas podem resultar de outros fatores, como, por exemplo, ataque de pragas e/ou doenças. O gradiente, ou seja, a intensidade gradual do sintoma, também deve se manifestar. A quantidade remobilizada difere entre os nutrientes minerais e é refletida na localização dos sintomas visíveis de deficiência nas plantas. Sintomas de deficiência nas folhas mais velhas refletem alta taxa de remobilização, considerando que aqueles nas folhas mais novas e nos meristemas apicais refletem insuficiente remobilização (Marschner, 1995).

A classificação mais conhecida e aceita quanto à mobilidade no floema dividiu os nutrientes em: (a) móveis – N, P, K, Mg e Cl; (b) pouco móveis – S, Cu, Fe, Mn, Zn e Mo; e (c) imóveis – Ca e B (Marschner, 1983).

Depois de 1995, quando foi descoberto que o boro pode ter expressiva mobilidade no floema, dependendo da espécie vegetal – embora, na maioria das espécies, tenha mobilidade restrita –, e com base na composição da seiva do floema, determinada com auxílio de traçadores isotópicos, Marschner (1995) propôs uma classificação geral dos nutrientes em: (a) alta mobilidade – N, P, K, Mg, S e Cl; (b) mobilidade intermediária – Fe, Zn, Cu, B e Mo; e (c) baixa mobilidade – Ca e Mn.

Welch (1999) classificou os nutrientes de acordo com a capacidade da espécie em remobilizá-los para a semente, garantindo a viabilidade desta e a sobrevivência da geração seguinte, em: (a) móveis – N, P, K, S, Mg e Cl; (b) mobilidade variável – Fe, Zn, Cu, Mo, Ni e Co; e (c) mobilidade condicional – Ca, B e Mn.

1.2.1 Nitrogênio (N)

O nitrogênio é encontrado em muitos compostos orgânicos, incluindo todos os aminoácidos orgânicos e ácidos nucleicos. As plantas requerem N em quantidade superior a qualquer outro nutriente mineral, com exceção do potássio em algumas culturas. Sua disponibilidade geralmente limita a produtividade das plantas em muitos ecossistemas naturais e agrícolas (Epstein; Bloom, 2005).

O N pode ser absorvido do meio em diferentes formas: N_2, por meio das bactérias fixadoras de N (p.ex., leguminosas); na forma mineral, como $N-NO_3^-$ (nitrato) e $N-NH_4^+$ (amônio), e, em certas condições, na forma de NH_3 (gás amônia) pelas folhas e como ureia. A forma predominante que a planta absorve, em condições naturais, é nitrato, em decorrência do processo de nitrificação no solo. O N é móvel no xilema e no floema, e pode ser transportado na forma de nitrato ou de aminoácidos e amidas (Marschner, 1995).

As funções do N na planta são: (a) equilíbrio de cargas: quando, na forma de NO_3^-, é armazenado no vacúolo e tem importante função de equilíbrio de cargas e na absorção de cátions e ânions; (b) elemento estrutural: faz parte da estrutura de proteínas e outros compostos orgânicos constituintes da estrutura da célula; (c) elemento regulatório, na forma orgânica, de reações de síntese (Furlani, 2004).

Exceto a seca, nenhuma deficiência é tão dramática em seus efeitos quanto a de N. Clorose generalizada e estiolamento são os sintomas mais característicos. O crescimento é lento e as plantas têm uma aparência não viçosa. O fruto é excepcionalmente bem colorido. As partes mais velhas da planta são as primeiras a serem afetadas, pois o N transloca-se das regiões mais velhas para as mais jovens, que crescem ativamente (Epstein; Bloom, 2005).

Segundo Mengel e Kirkby (1987), os sintomas visíveis são somente as consequências do distúrbio metabólico, e diferentes causas podem proporcionar síndromes similares. A deficiência de N é caracterizada por baixa taxa de crescimento, plantas pequenas, folhas de tamanho reduzido, morte prematura das folhas mais velhas, raízes sem ramificações, colapso no desenvolvimento dos cloroplastos, folhas cloróticas com necrose no estágio mais avançado da deficiência.

Muniz e Silva (1995) observaram mudas de *Aspidosperma polyneuron* (peroba-rosa) mantidas durante 155 dias em casa de vegetação, em solução nutritiva deficiente em N, P, K, Ca, Mg e S. Os sintomas visíveis de deficiência de N apresentaram-se como alteração gradual da coloração verde para o amarelecimento generalizado da planta, iniciando-se pelas folhas basais. O crescimento em relação ao tratamento completo mostrou-se reduzido.

Mendonça et al. (1999) investigaram os efeitos da deficiência de N em plantas de *Myracrodruon urundeuva* (aroeira), durante o período de 120 dias, em casa de vegetação. A omissão de N causou clorose nas folhas mais velhas no terceiro mês após a omissão do nutriente, e no quarto mês as plantas apresentaram clorose generalizada.

Em híbridos de *Eucalyptus grandis* com *Eucalyptus urophylla*, Silveira et al. (2002) observaram os sintomas de deficiências em solução nutritiva com omissão de N, P, K, Ca, Mg e S, no período de 270 dias em casa de vegetação. Os sintomas visíveis de deficiência de N apareceram 30 dias após a sua ausência, nas folhas mais velhas, que apresentaram coloração verde-clara, seguida de amarelecimento com pontuações avermelhadas distribuídas ao longo do limbo foliar, com avermelhamento total de tais folhas. No estágio final da deficiência, as folhas secaram e se destacaram dos ramos e do caule, com paralisação da emissão de brotos.

Sarcinelli et al. (2004) avaliaram os sintomas da deficiência de N em plantas de *Acacia holosericea* mantidas em solução nutritiva pelo período de 180 dias, em casa de vegetação. Os referidos sintomas apareceram aos 60 dias após a omissão de N. Inicialmente houve clorose generalizada de filódios velhos, seguida por senescência e queda destes.

Os sintomas de deficiência de N em mudas de *Tectona grandis* caracterizaram-se, segundo Barroso et al. (2005), pelo aparecimento de uma clorose generalizada nas folhas inferiores, com reduções drásticas do crescimento.

1.2.2 Fósforo (P)

O fosfato participa de quase todo o metabolismo de energia nas plantas, desde as sequências de reações na fotossíntese até a respiração. A forma iônica preferida pelas plantas é a monovalente ($H_2PO_4^-$). A falta do ânion $H_2PO_4^-$ no meio externo induz o aumento da atividade do sistema de alta afinidade para o fósforo na membrana plasmática. Na falta de P no meio externo, a velocidade de absorção aumenta de 2 a 4 vezes, dependendo da espécie de planta. O fosfato inorgânico (Pi) absorvido pelas raízes é rapidamente incorporado aos açúcares, formando ésteres de açúcar–fosfato, que são transportados radialmente nas células da raiz e liberados no xilema na forma de Pi novamente, sendo encontrado no xilema e no floema. A assimilação do Pi nos compostos orgânicos das raízes, ao contrário do nitrato e do sulfato, não passa pela redução do fosfato, que permanece na sua forma oxidada máxima (Furlani, 2004)

O P é parte de moléculas grandes como o DNA e o RNA, bem como dos fosfolipídios na membrana. É um tradutor e transportador de energia química, como, por exemplo, na adenosina trifosfato (ATP). É capaz de modificar proteínas irreversivelmente e participa na sinalização celular como inositol trifosfato (Epstein; Bloom, 2005).

Os sintomas de deficiência de P nos vegetais são descritos por Mengel e Kirkby (1987) como sendo redução do crescimento e da taxa de matéria seca da parte aérea/raiz, o que afeta a formação de frutos e sementes.

Marschner (1995) descreve vários sintomas de deficiência de P nas plantas, entre eles: crescimento vegetal mais lento que o crescimento normal, frequentemente com uma coloração avermelhada decorrente do aumento da formação de antocianinas. As plantas podem apresentar coloração verde mais escura em comparação com plantas normais, pois a célula e a expansão foliar são mais lentas que a formação de clorofila. Dessa forma, o conteúdo de clorofila por unidade de área é elevado, mas a eficiência fotossintética por unidade de clorofila é muito baixa, com inibição da expansão das células foliares durante o dia, causada pelo decréscimo da condutância hidráulica da raiz. Ocorre a redução generalizada de muitos processos metabólicos, incluindo divisão e expansão celular, respiração e fotossíntese. A função regulatória do Pi na fotossíntese e no metabolismo dos carboidratos nas folhas pode ser considerada um dos maiores fatores limitantes do crescimento, particularmente durante a fase reprodutiva.

Epstein e Bloom (2005) descreveram que os primeiros sintomas de deficiência de P em muitas espécies é a presença de folhagem verde-escura ou azul-esverdeada. Frequentemente se desenvolvem pigmentos vermelhos, purpúreos e marrons nas folhas, especialmente ao longo das nervuras. O crescimento é reduzido e, sob condições de deficiência severa, as plantas tornam-se atrofiadas.

A deficiência de P em mudas de *Aspidosperma polyneuron* (peroba-rosa) causou uma redução no crescimento das mudas em relação às plantas normais, sem sintomas visíveis de deficiência (Muniz; Silva, 1995). Entretanto, em mudas de aroeira (*Myracrodruon urundeuva*) foi observado, além do crescimento reduzido, o aparecimento de manchas arroxeadas nas folhas mais velhas, no terceiro mês após a omissão do nutriente (Mendonça et al., 1999).

Em híbridos de *Eucalyptus grandis* com *Eucalyptus urophylla*, as folhas mais velhas ficaram com cor verde-escura, seguida de arroxeamento e de pontos necróticos ao longo da lâmina foliar (Silveira et al., 2002). Em mudas de teca (*Tectona grandis*) ocorreu clorose leve com enrugamento (encarquilhamento) nas extremidades das folhas mais velhas (Barroso et al., 2005).

1.2.3 Potássio (K)

O potássio é o mais abundante cátion no citoplasma, e é grande a sua contribuição no potencial osmótico das células e dos tecidos de plantas. Na planta, esse nutriente não é metabolizado e forma complexos prontamente trocáveis. A absorção desse macronutriente é altamente seletiva e está intimamente acoplada à atividade metabólica. No solo, esse elemento aparece na forma iônica (K^+), sendo esta a forma absorvida pelas raízes das plantas. Como o K é um íon monovalente, em presença de concentrações elevadas de cátions bivalentes como o Ca^{++} e o Mg^{++} sofre inibição competitiva, ou seja, compete com desvantagem pelo mesmo sítio de absorção. Entretanto, baixas concentrações de cálcio contribuem para a sua absorção (efeito sinergístico). O K é transportado como K^+, ou seja, na mesma forma em que é absorvido do solo. O K é caracterizado pela alta mobilidade nas plantas, em todos os níveis, dentro da célula, dentro dos tecidos, e é transportado a longa distância via xilema e floema. Isso acontece porque o K não faz parte permanente de nenhum composto orgânico (Marschner, 1995).

O K está presente no citosol e no vacúolo, neste último como íon livre em altas concentrações. No citosol, as concentrações de K são controladas homeostaticamente a um nível de 12 mM, estocando o excedente no vacúolo. É o maior agente osmótico catiônico celular (Epstein; Bloom, 2005), sendo importante no controle estomático. Esse nutriente participa na fotossíntese em vários níveis: atua no fluxo de H^+ através das membranas dos tilacoides, mantendo o gradiente de pH transmembrana para a síntese de ATP.

Marschner (1995) descreve que, na deficiência de K, o crescimento é retardado e o K é retranslocado para amadurecimento de folhas e caules, e sob condições de severa deficiência, esses órgãos tornam-se cloróticos e necróticos.

Para Mengel e Kirkby (1987), a deficiência de K não provoca sintomas visíveis imediatos. O primeiro sintoma é a redução da taxa de crescimento, e posteriormente ocorre clorose e necrose das folhas. Esses sintomas geralmente ocorrem nas folhas mais velhas, iniciando-se nas margens e nas extremidades, com o decréscimo no turgor sob estresse hídrico e flacidez. Observa-se a deformação do xilema e do floema, além do colapso nos cloroplastos e nas mitocôndrias.

Epstein e Bloom (2005) descreveram que a deficiência de K em muitas espécies deixa as folhas verde-escuras ou azul-esverdeadas, assim como a deficiência de P. Pequenas manchas de tecido morto (necróticas) frequentemente se desenvolvem nas folhas, nas quais pode haver também necrose marginal ou murchamento. O crescimento é abaixo do normal e, sob condições severas, gemas laterais e terminais podem morrer.

Os sintomas visíveis de deficiência de K em peroba-rosa (*Aspidosperma polyneuron*) apareceram quando as mudas tinham idade mais avançada, iniciando-se por pontos e depois por faixas cloróticas, principalmente nas bordas das folhas mais velhas. Nessa região, posteriormente houve necrose, que progrediu e provocou a queda dessas folhas (Muniz; Silva, 1995)

A omissão de K em aroeira (*Myracrodruon urundeuva*) causou enrugamento das folhas, que posteriormente apresentaram necrose a partir do terceiro mês após a omissão do nutriente (Mendonça et al., 1999).

Em híbridos de *Eucalyptus grandis* com *Eucalyptus urophylla*, Silveira et al. (2002) observaram que as folhas mais velhas apresentaram um avermelhamento marginal que avançava para a parte central do limbo. Posteriormente, as pontas das folhas ficaram necrosadas.

Sarcinelli et al. (2004) verificaram os efeitos da deficiência de K em plantas de *Acacia holosericea*, durante o período de 180 dias, em casa de vegetação. Houve necrose nas bordas dos filódios mais velhos, prolongando-se pelas extremidades.

As mudas de teca (*Tectona grandis*), na deficiência desse nutriente, apresentaram redução no crescimento, clorose internerval, encarquilhamento e pontos necrosados nas folhas mais velhas (Barroso et al., 2005).

1.2.4 Cálcio (Ca)

O cálcio é absorvido pelas plantas na forma de cátion bivalente (Ca^{2+}), o qual cumpre múltiplas funções nas plantas. Quantitativamente é mais proeminente na parede celular, interligando cadeias pécticas, assim como o boro, e contribuindo para a estabilidade celular (Matoh; Kobayashi, 1998).

A concentração de Ca no citosol é baixa, da ordem de 0,15 µM, sendo o excedente armazenado no vacúolo. No entanto, o Ca é também expelido ativamente do citoplasma para o apoplasto, pela membrana citoplasmática, mas pode ligar-se na calmodulina e em organelas como o núcleo, o retículo endoplasmático, as mitocôndrias e os cloroplastos (Epstein; Bloom, 2005).

Os sintomas de deficiência de Ca nos vegetais foram descritos por Mengel e Kirkby (1987) como sendo redução no crescimento do tecido meristemático, observada primeiramente na região do crescimento apical e nas folhas mais novas, que se tornam deformadas e cloróticas. Nos estágios mais avançados, constata-se uma necrose das margens das folhas e os tecidos tornam-se "moles", por causa da dissolução da parede celular.

Conforme Epstein e Bloom (2005), os sintomas de deficiência de Ca aparecem mais cedo e mais severamente nas regiões meristemáticas e nas folhas jovens. As demandas de Ca parecem ser altas nesses tecidos. No entanto, o Ca contido em tecidos mais velhos tende a se tornar imobilizado. Dessa forma, os pontos de crescimento são danificados ou mortos, especialmente flores e frutos. Os sintomas são conhecidos como "podridão apical", no caso do tomateiro. O crescimento das raízes é severamente afetado.

Em mudas de *Aspidosperma polyneuron*, os sintomas manifestaram-se, inicialmente, nas folhas mais novas. Apareceram manchas cloróticas espalhadas de modo desigual pela superfície. Houve amarelecimento gradual das folhas afetadas e murchamento da planta toda. Em estágio mais avançado, houve morte da gema apical e queda das folhas. As raízes apresentaram crescimento reduzido e apodrecimento (Muniz; Silva, 1995).

Em plantas de *Myracrodruon urundeuva*, não se constataram sintomas visíveis de deficiência desse nutriente nas folhas, sendo apenas verificada uma redução no crescimento das mudas (Mendonça et al., 1999).

Silveira et al. (2002) observaram que a carência de Ca em híbridos de eucalipto provocou pequenas anormalidades nas plantas em termos de crescimento, ou seja, as folhas novas apresentaram-se deformadas e retorcidas, com morte da gema apical.

Em plantas de *Acacia holosericea*, Sarcinelli et al. (2004) verificaram que as mudas apresentaram dobras e deformação dos filódios mais novos, seguida de necrose das gemas apicais.

Os sintomas de deficiência de Ca em mudas de teca (*Tectona grandis*) caracterizaram-se pela redução drástica do crescimento, clorose internerval, encarquilhamento e necrose das folhas, morte da gema apical, paralisação da emissão de raízes novas e apodrecimento das raízes secundárias (Barroso et al., 2005).

1.2.5 Magnésio (Mg)

O magnésio é absorvido pelas plantas na forma de íon bivalente. Por ser o Mg^{2+} um pequeno íon, mas com grande raio de hidratação, sua absorção pode ser fortemente reduzida pelo K^+, NH_4^+, Ca^{2+} e Mn^{2+} e pelos H^+ em baixo pH. A deficiência de Mg^{2+} induzida pelos outros cátions competitivos é fenômeno comum. Quanto à sua mobilidade, o Mg^{2+} é bastante móvel no xilema e no floema, e o transporte e a redistribuição ocorrem na forma iônica (Furlani, 2004).

O Mg é um dos principais ativadores enzimáticos na respiração, fotossíntese e síntese de DNA e RNA. Também é parte da estrutura da molécula de clorofila (Taiz; Zeiger, 2004). Além disso, grande parte desse macronutriente está presente na planta realizando a regulação do pH celular e o balanço cátion/ânion (Marschner, 1995).

Mengel e Kirkby (1987) descreveram que os sintomas de deficiência de Mg ocorrem inicialmente nas folhas mais velhas, com amarelecimento internerval ou clorose e, em casos extremos, tornam-se necróticas. As folhas tornam-se rígidas e quebradiças e as nervuras intercostais, torcidas. Na região basal das folhas, observam-se pequenas manchas verde-escuras, por causa do acúmulo de clorofila, em contraste com folhas de cor amarelada. Ocorre a necrose no ápice das folhas e, nos cloroplastos, constata-se deformação de estrutura lamelar, afetando a estabilidade dos tilacoides.

Para Epstein e Bloom (2005), a deficiência de Mg aparece primeiro nas folhas maduras. Clorose marginal é comum, frequentemente acompanhada pelo desenvolvimento de uma variedade de pigmentos. A clorose também pode começar em fragmentos ou manchas irregulares que, mais tarde, fundem-se e espalham-se até as margens e pontas das folhas. Esses autores ressaltam que a variedade de sintomas em diferentes espécies é tão grande que uma descrição generalizada dos sintomas da deficiência de Mg é ainda mais difícil do que para deficiências de outros nutrientes.

As folhas medianas de *Aspidosperma polyneuron* foram as primeiras a apresentar sintomas visíveis de deficiência, com aparecimento de clorose internerval. Com a progressão da deficiência, a clorose transformou-se em manchas brancas espalhadas por todas as folhas (Muniz; Silva, 1995).

Mendonça et al. (1999) constataram, em plantas de *Myracrodruon urundeuva*, a clorose entre as nervuras e o posterior aparecimento de manchas claras por todas as folhas.

Em híbridos de *Eucalyptus grandis* com *Eucalyptus urophylla*, com a carência de Mg, as folhas mais velhas apresentaram leve clorose internerval, com pontuações necróticas espalhadas pelo limbo (Silveira et al., 2002).

Sarcinelli et al. (2004) verificaram que as plantas deficientes em Mg apresentaram clorose internerval seguida de necrose.

Os sintomas de deficiência de Mg em mudas de *Tectona grandis* caracterizaram-se, segundo Barroso et al. (2005), pela clorose internerval das folhas mais velhas.

1.2.6 Enxofre (S)

Em condições arejadas do solo, a forma mais comum de enxofre é o sulfato (SO_4^{2-}), sendo esta a forma absorvida predominantemente pelas raízes das plantas. As plantas podem absorver, via foliar, principalmente o SO_2 (sulfito) atmosférico. Embora esse gás seja absorvido de forma pouco eficiente, algumas plantas podem suprir grande quantidade do S necessário ao seu desenvolvimento. Além do sulfato, a planta pode absorver aminoácidos contendo S, como é o caso da cisteína e da metionina. O Cl^- e o SiO_4^{2-} competem pelo mesmo sítio de absorção no sistema radicular. O transporte de S no xilema é predominantemente na forma de SO_4^{2-}, embora dependa da proporção de S reduzido e/ou assimilado no sistema radicular. Plantas como a ervilha podem reduzir quantidades razoáveis de sulfato no sistema radicular. Dessa forma, quantidades significativas de aminoácidos sulfurados e de glutationa podem ser encontradas no xilema. Apesar de o enxofre pertencer à classe dos nutrientes de alta mobilidade na planta, ele é, na verdade, pouco redistribuído. A sua redistribuição está condicionada ao *status* da nutrição nitrogenada da planta (Marschner, 1995).

O S está entre os elementos mais versáteis na biologia (Hell, 1997). Essa versatilidade deriva, em parte, da propriedade que ele tem, assim como o N, de múltiplos estados estáveis de oxidação. As assimilações de N e S são bem coordenadas, com a deficiência de um reprimindo a via assimilativa de outro (Koprivova et. al., 2000). Certas reações de redução de NO_3^- e SO_4^{-2} ocorrem nos plastídios, envolvendo moléculas de ferredoxina, consumindo grande quantidade de energia (Bloom, 1994).

Como o S é um constituinte essencial das proteínas, a deficiência desse elemento resulta na inibição da síntese de proteínas. As deficiências de S e N são observadas com certas semelhanças, cujas características comuns são os teores reduzidos de clorofila e de proteína, além de um aumento de compostos solúveis de N presentes nas folhas, decorrentes de uma redução na síntese de proteínas. Como o S é pouco móvel na planta, os sintomas de deficiência ocorrem inicialmente nas folhas superiores, ao contrário do N, cuja deficiência caracteriza-se por uma clorose gradual das folhas mais velhas, cujo tamanho é reduzido (Marschner, 1995).

Epstein e Bloom (2005) afirmaram que os sintomas de deficiência de S geralmente relembram os de deficiência de N. Essa similaridade não é surpreendente, já que S e N são ambos constituintes de proteínas. Entretanto, a clorose causada pela deficiência de S surge geralmente nas folhas jovens, e não nas maduras, como ocorre na deficiência de N, pois, diferentemente do N, o S não é redirecionado para as folhas jovens na maioria das espécies.

Muniz e Silva (1995) observaram os sintomas da deficiência de S em mudas de *Aspidosperma polyneuron*, os quais se manifestaram nas folhas mais novas, que apresentaram clorose generalizada.

Em plantas de *Myracrodruon urundeuva*, Mendonça et al. (1999) não observaram sintomas visíveis de deficiência desse nutriente nas folhas e nem no desenvolvimento das mudas dessa espécie.

Silveira et al. (2002) observaram, como sinal de deficiência de S em híbridos de *Eucalyptus grandis* com *Eucalyptus urophylla*, uma clorose uniforme, com pontos necróticos na margem da folha, seguida de avermelhamento generalizado do limbo.

Segundo Sarcinelli et al. (2004), em plantas de *Acacia holosericea*, as mudas apresentaram clorose dos filódios mais novos e gemas com diminuição do ângulo de inserção dos filódios ao caule.

Barroso et al. (2005) observaram os efeitos da deficiência de S em mudas de *Tectona grandis*, em casa de vegetação: as plantas apresentaram redução no crescimento, com clorose generalizada. As folhas mais novas apresentaram-se pequenas, grossas e encarquilhadas.

1.2.7 Boro (B)

O boro é absorvido pelas plantas preferencialmente na forma de ácido bórico, sem carga (H_3BO_3). Possui propriedades intermediárias entre os metais e os não metais eletronegativos e tem tendência a formar complexos catiônicos dentro da planta, com compostos orgânicos de configuração cis-diol, como os açúcares e seus derivados, ácido urônico e alguns difenóis abundantes na parede celular (Furlani, 2004). Seu transporte também ocorre na forma H_3BO_3, e a ascensão na seiva xilemática é governada principalmente pela transpiração (Marschner, 1995).

O B é um elemento essencial para plantas superiores; no entanto, segundo Loomis e Durst (1992), sua função primária ainda é desconhecida. Dessa forma, foi necessária a determinação do local onde a maior parte do B se encontra na célula para identificar sua função. De acordo com Hu e Brown (1994), em condições limitantes de B, a quantidade do nutriente presente na parede celular representa, no mínimo, 95% a 96% do total de B presente na célula.

Vários trabalhos, como Kouchi e Kumazawa (1976); Ishii e Matsunaga (1996); Kobayashi, Matoh e Azuma (1996) e O'Neill et al. (1996), revelaram que a função fisiológica do B é a formação de ligações pécticas na parede celular, por meio da ligação de dois complexos chamados de Rhamnogalacturonan-II.

Segundo os trabalhos de Brown e Hu (1997) e Matoh (1997), quando se trata de alterações ultraestruturais relativas à deficiência de B, ocorre um maior espessamento da parede celular e alterações na lamela média, que é de natureza péctica.

A ausência do B afeta o metabolismo do ácido nucleico e de carboidratos. A presença do B é essencial para manter a integridade estrutural das membranas das plantas, e muitos dos sintomas da deficiência são efeitos secundários causados pelas mudanças na permeabilidade da membrana. A deficiência de B nas plantas aparece inicialmente como crescimento anormal dos pontos de crescimento apical, decorrente da baixa redistribuição na maioria das espécies, e/ou como interrupção do crescimento do tubo polínico (Pilbean; Kirkby, 1983).

Marschner (1995) descreveu alguns dos sintomas de deficiência de B, que foram caracterizados por um encurtamento do internódio, clorose internerval das folhas mais novas, deformação da lâmina foliar, aumento do diâmetro do pecíolo e do caule, diminuição da formação do botão floral, flores e desenvolvimento irregular do fruto.

Mengel e Kirkby (1987) descreveram que a deficiência de B aparece, primeiramente, com o crescimento anormal da região apical da plantas, com inibição na formação de flores e frutos. As folhas jovens apresentam-se encrespadas e atrofiadas, tornando-se marrons ou pretas, e o caule mostra-se mais grosso, rígido e quebradiço.

Epstein e Bloom (2005) descreveram que, quando ocorre deficiência de B, frequentemente as gemas são danificadas e podem morrer. As folhas podem tornar-se distorcidas e o caule, áspero e fendido, em geral com saliências e/ou manchas. O florescimento é severamente afetado. Se o fruto se forma, mostra sintomas similares àqueles encontrados nos caules. As raízes e as partes aéreas das plantas sofrem infecções por bactérias e fungos, uma consequência secundária da deficiência de B.

Em mudas de *Psidium guajava*, Salvador, Moreira e Muraoka (1999) observaram os efeitos da deficiência de B durante o período 75 dias, em casa de vegetação. A carência desse nutriente provocou uma deformação nas folhas mais novas, que se apresentaram retorcidas, estreitas, com tamanho reduzido e clorose internerval.

1.2.8 Cobre (Cu)

O cobre é absorvido pelas raízes na forma Cu^{2+}, e é de mobilidade variável no floema, dependendo da espécie. É um elemento de transição similar ao ferro, com habilidade para formação de quelatos estáveis e facilidade para o transporte de elétrons (Cu^{2+}/Cu^{+}), sendo, portanto, bastante relevante nos processos fisiológicos de oxirredução (Furlani, 2004).

É um elemento capaz de transferir elétrons, e assim o faz, captando energia por meio de proteínas e enzimas oxidativas. A maior parte do Cu em células foliares está associada à plastocianina, ao doador imediato de elétrons para o fotossistema I e à dismutase de superóxido, que trabalha em conjunto com a catalase para desintoxificar oxidantes (Epstein; Bloom, 2005).

Na deficiência de Cu, os sintomas mais comuns são crescimento lento, distorção, murchamento e branqueamento das folhas mais novas, necrose do meristema apical e a lignificação prejudicada da parede celular (Marschner, 1995).

Mengel e Kirkby (1987) descreveram que a deficiência de Cu afeta a viabilidade dos grãos de pólen, provoca a diminuição dos internódios, as folhas tornam-se finas e torcidas, com o ápice esbranquiçado, e forma "pêndula" das árvores pela redução da síntese de lignina.

Epstein e Bloom (2005) relataram que a deficiência de Cu varia grandemente, dependendo da espécie. Folhas podem ficar cloróticas ou com um tom azul-esverdeado-escuro, com margens enroladas para cima. As cascas das árvores frequentemente ficam ásperas e cobertas de bolhas, e uma goma pode exsudar a partir de fissuras da casca.

Em *Psidium guajava*, a carência desse micronutriente provocou cloroses esparsas, com deformação nas folhas mais novas, que ficaram enrugadas e com saliências das nervuras secundárias. Houve morte precoce das gemas terminais, emissão de gemas vegetativas axilares múltiplas, originando brotações com folhas diminutas e mais arredondadas, retorcidas, estreitas, tamanho reduzido e com clorose internerval (Salvador; Moreira; Muraoka, 1999).

1.2.9 Ferro (Fe)

A planta absorve o ferro na forma reduzida (Fe^{2+}), e a eficiência nesse processo de aquisição varia entre espécies e genótipos. Algumas plantas possuem maior capacidade de extrusão de prótons na rizosfera, baixando o pH e favorecendo a absorção de Fe^{2+} pelas raízes, e também maior capacidade de complexação do Fe absorvido com ácidos orgânicos, principalmente o ácido cítrico, formando citrato-Fe, comumente encontrado no xilema. O Fe é um elemento de transição caracterizado pela mudança fácil no seu estado de oxidação (Fe^{3+}/Fe^{2+}) e pela sua habilidade em formar complexos octaédricos, com vários ligantes. Dependendo do ligante, o potencial de oxirredução do Fe varia significativamente, o que confere a esse nutriente uma importância especial nos sistemas biológicos de oxirredução. Embora o Fe somente seja absorvido através da membrana plasmática na forma reduzida (Fe^{2+}), dentro da planta, o seu principal estado de oxidação nos complexos é a forma oxidada [(Fe^{3+})].

Existem dois grupos principais de proteínas que contêm Fe na planta: as hemoproteínas e as proteínas com grupos Fe-S. As hemoproteínas incluem os citocromos, que são caracterizados por um complexo hemo-Fe-porfirina como grupo prostético. Outras hemoproteínas são a citocromo-oxidase, a catalase, a peroxidase e a leg-hemoglobina (que ocorre nos nódulos das leguminosas). Portanto, o Fe está envolvido na biossíntese dos citocromos das referidas coenzimas e da clorofila, que é derivada de uma protoporfirina. A cadeia de transporte de elétrons na fotossíntese que ocorre nas membranas tilacoides dos cloroplastos consiste em vários hemogrupos contendo Fe e de aglomerados de Fe-S (Furlani, 2004).

O Fe possui pouca mobilidade na planta. Dessa forma, é comum, no caso de deficiência desse elemento, o aparecimento de sintomas inicialmente nas folhas novas, progredindo para as folhas mais velhas, dependendo da severidade da deficiência. Nas folhas verdes, 80% do Fe está localizado no estroma do cloroplasto, na forma de fitoferretina, servindo como reserva (Marschner, 1995).

Mengel e Kirkby (1987) descreveram que a deficiência de Fe é similar à de Mg, mas sempre iniciando nas folhas mais novas com clorose internerval, ou seja, as nervuras verde-escuras contrastando com a superfície de cor verde brilhante ou amarelada das folhas.

Epstein e Bloom (2005) relataram que o sintoma mais evidente de deficiência de Fe é a clorose geral das folhas jovens. Primeiramente as nervuras podem permanecer verdes, mas, na maioria das espécies em que a deficiência foi observada, elas também se tornam cloróticas no decorrer do tempo.

Veloso et al. (1998a) constataram que a deficiência de Fe em mudas de *Piper nigrum* provocou a redução do crescimento das mudas, seguida de clorose generalizada nas folhas mais novas.

Em plantas de *Psidium guajava*, Salvador, Moreira e Muraoka (1999) observaram alterações na coloração das folhas novas, que apresentaram nervuras bem pronunciadas na totalidade verde, formando um nítido contraste com o resto amarelado do limbo.

1.2.10 Manganês (Mn)

As plantas absorvem o manganês na forma de cátion bivalente (Mn^{2+}). Dentro da célula, Mn^{2+} forma ligações fracas com ligantes orgânicos e pode ser rapidamente oxidado para Mn^{3+}, Mn^{4+} e Mn^{6+} (Furlani, 2004).

Por causa dessa relativa facilidade de mudança no estado de oxidação, o Mn apresenta importante função nos processos de oxirredução nas plantas, como o transporte de elétrons na fotossíntese e a desintoxicação dos radicais livres de O_2 (O_2^-). Uma das mais importantes funções do manganês está relacionada aos processos de oxidação e redução, especialmente no processo fotossintético (Fotossistema II), conforme descrito por Marschner (1995) e Furlani (2004).

Marschner (1995) relatou que a deficiência de Mn afeta a produção da matéria seca, a fotossíntese líquida e o conteúdo de clorofila. As plantas são mais suscetíveis aos danos por temperaturas mais baixas. Em dicotiledôneas, os sintomas de deficiência de Mn são clorose intercostal das folhas mais novas e manchas verde-acinzentadas na base das folhas.

Mengel e Kirkby (1987) descreveram que os cloroplastos são as organelas mais sensíveis à deficiência de Mn. Foram observadas desorganizações do sistema lamelar dos cloroplastos, com volume celular pequeno e dominado pela parede celular. Os tecidos interepidermais se mostraram enrugados, com clorose internerval nas folhas mais novas.

Epstein e Bloom (2005) relataram que os sintomas de deficiência de Mn variam muito de uma espécie para outra. As folhas frequentemente mostram uma clorose entre as nervuras, com estas produzindo um desenho verde em um fundo amarelo ou verde-claro, assemelhando-se muito com a deficiência de Fe. Também podem ocorrer manchas ou riscas necróticas nas folhas.

Em mudas de *Piper nigrum*, Veloso et al. (1998a) observaram os efeitos da deficiência de Mn, em casa de vegetação: amarelecimento das folhas novas, com faixas de tecido verde circundando a nervura mediana e as principais.

Salvador, Moreira e Muraoka (1999) observaram em plantas de *Psidium guajava* que a carência desse nutriente provocou clorose internerval, contrastando com o verde das nervuras. No ramo principal, as folhas apresentaram certa torção, com curvatura para baixo.

1.2.11 Molibdênio (Mo)

O molibdênio é um elemento de transição que é absorvido nas plantas na forma do ânion molibdato, em geral no estado de oxidação mais elevado (Mo^{6+}), mas pode ocorrer também como Mo^{5+} e Mo^{4+} (Furlani, 2004).

A quantidade exigida de Mo pelas plantas é muito pequena, quando comparada com outros nutrientes. O Mo está envolvido na redução do nitrato e na fixação de N. Dessa forma, a deficiência de Mo pode acarretar indiretamente a deficiência de N, dependendo muito da forma de absorção de N pelas plantas (absorção de NO_3^-, NH_4^+, e/ou fixação de N_2) (Furlani, 2004).

As leguminosas, que dependem da fixação de N_2 pelos nódulos, são as mais exigentes em Mo. Nas plantas, as enzimas associadas ao Mo são: a redutase de nitrato, a nitrogenase e a xantina desidrogenase. A redutase de nitrato é imprescindível para o metabolismo de N nas plantas, reduzindo o nitrato NO_3^- para nitrito NO_2^-. A nitrogenase converte o gás N_2 em NH_3, em nódulos de plantas que realizam fixação simbiótica de N (Taiz; Zieger, 2004).

Segundo Fido et al. (1977), plantas deficientes em Mo, quando nutridas com N na forma nítrica, apresentaram as seguintes alterações no cloroplasto: aumento e dilatação, acompanhados por redução no número de granas e tilacoides menores. O acúmulo de nitrato é, não obstante, um fator que pode ter causado esse desarranjo do cloroplasto.

Em algumas espécies de plantas, os sintomas mais típicos da deficiência de Mo seriam uma drástica redução e irregularidades na formação da lâmina foliar, o que é conhecido como *whiptail*, causado pela necrose nos tecidos e pela insuficiente diferenciação dos feixes vasculares no estágio inicial do desenvolvimento da folha. Clorose e necrose ao longo da nervura principal das folhas mais velhas e *whiptail* em folhas mais novas podem refletir os mesmos tipos de distúrbios, que ocorrem, entretanto, nos diferentes estágios de desenvolvimento das folhas (Marschner, 1995).

Mengel e Kirkby (1987) descreveram que a deficiência de Mo assemelha-se à de N, com clorose das folhas mais velhas. E, ao contrário da deficiência de N, a necrose é mais rápida nas margens das folhas, em decorrência do acúmulo de nitrato. As folhas mais velhas apresentam coloração amarelada a verde-amarelada, com as margens enroladas, seguida por necrose. A lamela média da parede celular apresenta-se mal formada e, no caso extremo, a lâmina foliar não chega a ser formada, ficando apenas as nervuras das folhas.

Epstein e Bloom (2005) relataram que a deficiência de Mo, identificada primeiramente em tomates, causou nessa espécie e em outras uma clorose entre as nervuras. As nervuras permanecem verde-claras, o que dá às folhas uma aparência mosqueada, similar à deficiência de Mn. As margens das folhas tendem a torcer e enrolar. Em casos mais severos, observa-se a necrose e a planta inteira tem seu desenvolvimento comprometido.

1.2.12 Zinco (Zn)

O zinco é absorvido pelas plantas na forma catiônica (Zn^{2+}). Ao contrário dos outros micronutrientes metais, não está sujeito a mudanças de valência, ocorrendo dentro das plantas somente na forma de Zn^{2+} (Marschner, 1995).

Esse nutriente desempenha diversas funções metabólicas, entre elas a atividade de uma série de enzimas (Kabata-Pendias, 2001), e também é integrante estrutural de uma grande variedade de proteínas (Epstein; Bloom, 2005).

As modificações que ocorrem na planta pela deficiência de Zn são citadas por Furlani (2004): (a) alteração no metabolismo de carboidratos em vários níveis, em razão da queda na atividade da anidrase carbônica, enzima localizada no citoplasma e nos cloroplastos; (b) inibição da fotossíntese, provavelmente por causa da desestruturação dos cloroplastos, com subsequente desarranjo no transporte eletrônico; (c) redução no teor de proteínas e aumento nos teores de aminoácidos e amidas, em razão da baixa atividade da polimerase de RNA (enzima que contém Zn); dessa forma, há redução na integridade dos ribossomos ou indução na degradação de RNA; (d) níveis elevados de radicais livres de O_2, que destroem as ligações duplas dos ácidos graxos polinsaturados e fosfolipídios nas membranas, por causa da baixa atividade da dismutase de superóxido, que contém Zn (Cobre-Zinco-SOD), o que aumenta os vazamentos de solutos nas membranas (K^+, açúcares e aminoácidos), podendo até destruir cloroplastos nas folhas, causando necrose e atrofia, particularmente sob intensa luminosidade; (e) perda da integridade das membranas também pela desestabilização e desorientação estrutural de proteínas, em razão da quebra das ligações do Zn com os grupos sulfidrilas (-SH).

Os sintomas mais comuns da deficiência de Zn em dicotiledôneas seriam o crescimento retardado, com o encurtamento dos internódios e uma redução da área foliar. Em combinação com esses sintomas, as folhas mais novas apresentam clorose e necrose. Ocorre a redução de grãos e sementes, decorrente do papel específico do Zn na fertilização, afetando a germinação dos grãos de pólen (Marschner, 1995).

Mengel e Kirkby (1987) descreveram que na deficiência de Zn ocorre clorose internerval das folhas, com colorações verde-claras, amarelecidas ou esbranquiçadas; distribuição irregular de cachos e/ou rosetas de folhas pequenas dormentes que foram formadas no final das gemas jovens, bem como a diminuição do número de brotos e internódios mais curtos.

Para Epstein e Bloom (2005), os sintomas clássicos de deficiência de Zn são folhas pequenas e formação de rosetas. Ambos os sintomas resultam da dificuldade dos tecidos em crescer normalmente. A dificuldade das folhas em expandir-se as torna pequenas, e a dificuldade dos internódios em alongar-se leva as folhas de nós sucessivos a se aproximarem, dando origem ao sintoma de "roseta". Em algumas espécies, as folhas se tornam clóroticas; em outras, porém, elas podem tornar-se verde-escuras ou azul-esverdeadas, torcidas e necróticas. O florescimento e a frutificação são muito reduzidos sob condições de severa deficiência de Zn, e a planta toda pode ficar raquítica e disforme.

Em mudas de *Piper nigrum*, Veloso et al. (1998a) observaram os efeitos da deficiência de Zn, em casa de vegetação. A omissão desse nutriente resultou em clorose generalizada das folhas mais novas, as quais se mostraram mais estreitas e alongadas, com internódios mais curtos.

Em *Psidium guajava*, a carência de Zn provocou clorose internerval das folhas mais novas, as quais se mostraram pequenas, estreitas e pontiagudas, com nervuras salientes (Salvador; Moreira; Muraoka, 1999).

2 Material e métodos

2.1 Solução nutritiva

A solução nutritiva é a alma de qualquer cultivo sem solo (substrato, areia lavada, hidroponia). Ela substitui uma das funções mais nobres do solo: a de fornecedor de nutrientes às plantas. O cultivo sem solo não é uma técnica recente; os registros da sua utilização datam de milhares de anos, como os cultivos sobre tábuas flutuantes praticados pelos astecas, os jardins suspensos da Babilônia e os registros em hieróglifos dos experimentos de Teophrastus sobre nutrição de plantas.

O sistema de cultivo sem solo apresenta vantagens, como o melhor controle fitossanitário, eficiente suprimento de nutrientes e melhor planejamento da produção (Alpi; Tognoni, 1997).

As técnicas de cultivo utilizando soluções nutritivas com composição química bem definida e a possibilidade de obtenção de compostos químicos de alto grau de pureza foram fatores que contribuíram muito para os avanços nas pesquisas em nutrição mineral de plantas, uma vez que possibilitaram o crescimento normal das plantas e o controle do fornecimento de nutrientes às raízes.

O histórico da nutrição mineral de plantas e o cultivo em solução nutritiva foram detalhadamente relatados por Hewitt (1966) e Epstein e Bloom (2005), sendo destacados aqui os principais acontecimentos.

Os primeiros experimentos quantitativos em nutrição de plantas foram desenvolvidos por J. B. Helmont (1580-1644); todavia, somente em 1699 John Woodward (1665-1728) realizou os primeiros cultivos de plantas em meio líquido, sem o uso de substratos sólidos. Em 1804, Saussure (1767-1845), influenciado pela nova química de Lavoisier (1743-1794), realizou as primeiras tentativas do cultivo de plantas em solução nutritiva, estabelecendo a necessidade do uso de nitrato e outros sais fontes de nutrientes ao meio.

Segundo Hewitt (1966), a primeira elucidação da essencialidade dos macronutrientes pode ser atribuída a Spregel (1839), sendo a importância do ferro primeiramente relatada por Gris (1844). Posteriormente, intensas pesquisas com soluções nutritivas, que visavam determinar a importância dos elementos minerais no crescimento de plantas, foram realizadas por Sachs (1860), Knop (1860) e Boussingault (1886). Depois de Sachs, Knop e Boussingault, muitas outras soluções nutritivas têm sido preparadas por diversos autores, procurando atender às necessidades das diferentes espécies vegetais, ou a introdução de novos elementos, cuja essencialidade foi sendo comprovada. Assim, surgiram as soluções de F. Nobble (1868), G. Von der Crone (1904), W.E. Tottingham (1914), J.W. Shive (1915), D.R. Hoagland (1919), D.R. Hoagland e D.I. Arnon (1950), Johnson et al. (1957) e Epstein e Bloom (2005).

As soluções nutritivas fornecem os nutrientes ao desenvolvimento das plantas, porém, não existe uma que seja adequada para todas as espécies vegetais. Para cada espécie e condição de cultivo existe uma solução nutritiva mais adequada, dependendo da exigência nutricional. Essa exigência refere-se às quantidades de nutrientes que uma cultura extrai da solução nutritiva para atender às suas necessidades, crescer e produzir adequadamente.

A extração e o acúmulo de nutrientes pelas plantas dependem de diversos fatores: espécie ou variedade cultivada; estágio de desenvolvimento (fase de muda, crescimento, floração e frutificação); condições ambientais (umidade relativa do ar, temperatura do ambiente e da solução, pH e condutividade elétrica da solução nutritiva etc.). Dessa forma, os nutrientes são absorvidos em diferentes quantidades, de acordo com as condições em que a planta se encontra. Para se obter alta produtividade das plantas, os nutrientes devem ser fornecidos em quantidades e proporções adequadas em todas as fases do seu ciclo.

2.2 Condução das espécies nativas em solução nutritiva

As espécies florestais nativas descritas neste guia foram cultivadas em casa de vegetação do Laboratório de Nutrição Mineral de Plantas do Centro de Energia Nuclear na Agricultura (Cena), Universidade de São Paulo, Piracicaba-SP, definida geograficamente pelas coordenadas 22°42'30'' de latitude sul, 47°38'00'' de longitude oeste e a 546 m de altitude, sendo o clima da região classificado segundo Koeppen como CWA, subtropical, com inverno seco, temperatura do mês mais quente maior que 22°C (Ometto, 1991).

Os sintomas de deficiência de macro e micronutrientes foram induzidos por meio do cultivo das espécies florestais nativas (Tab. 2.1) em solução nutritiva de Johnson et al. (1957), modificada (diluída a 1/2) (Tab. 2.2).

Tab. 2.1 Espécies utilizadas ou recomendadas em projetos de recuperação de áreas degradadas no Estado de São Paulo, com ênfase nas formações ribeirinhas

Família	Nome científico	Autor	Nome popular
Espécies pioneiras e/ou secundárias iniciais			
Anacardiaceae	*Tapirira guianensis*	Aubl.	tapirira
Malvaceae	*Ceiba speciosa*	St. Hil.	paineira
Cecropiaceae	*Cecropia pachystachya*	Trec.	embaúba
Euphorbiaceae	*Croton urucurana*	Baill.	sangra-d'água
Fabaceae	*Lonchocarpus muehlbergianus*	Hassl.	embira-de-sapo
Fabaceae	*Acacia polyphylla*	DC.	monjoleiro
Fabaceae	*Enterolobium contortisiliquum*	(Vell.) Morang	orelha-de-nego
Malvaceae	*Guazuma ulmifolia*	Lam.	mutambo
Lamiaceae	*Aegiphila sellowiana*	Cham.	tamanqueiro
Verbenaceae	*Cytharexyllum myrianthum*	Cham.	pau-viola
Espécies secundárias tardias e/ou clímax			
Anacardiaceae	*Astronium graveolens*	Jacq.	guaritá
Fabaceae	*Hymenaea courbaril*	L. var.	jatobá
Lecythidaceae	*Cariniana legalis*	(Mart.) Kuntze	jequitibá-rosa
Rutaceae	*Esenbeckia leiocarpa*	Engl.	guarantã

Os teores de macro e micronutriente foram obtidos da parte aérea de cada planta, as quais foram divididas em folhas superiores e folhas inferiores. Foram determinadas como folhas superiores aquelas que se encontravam na metade superior do caule até a última inserção foliar, e como folhas inferiores aquelas que se encontravam na metade inferior do caule até o colo (Fig. 2.1).

Tab. 2.2 Composição química da solução nutritiva de Johnson et al. (1957), modificada (diluída a 1/2)

Solução estoque	Tratamentos (ml/L)												
	Completo	Omissão											
		N	P	K	Ca	Mg	S	B	Cu	Fe	Mn	Mo	Zn
KNO₃ (M*)	3	0,3	3	0,3	3	3	3	3	3	3	3	3	3
Ca(NO₃)₂ – 4H₂O*	2	0,2	2	2	0,2	2	2	2	2	2	2	2	2
NH₄H₂PO₄*	1	0,1	0,1	1	1	1	1	0,1	0,1	0,1	0,1	0,1	0,1
MgSO₄.7H₂O*	0,5	0,5	0,5	0,5	0,5	0,05	0,05	0,5	0,5	0,5	0,5	0,5	0,5
KCl (M*)	-	2,7	-	-	-	-	-	-	-	-	-	-	-
CaSO₄.7H₂O (0,01*)	-	1,8	-	-	-	-	-	-	-	-	-	-	-
Na₂SO₄*	-	-	-	-	-	0,45	-	-	-	-	-	-	-
NaH₂PO₄*	-	0,9	-	-	-	-	-	-	-	-	-	-	-
NH₄NO₃*	-	-	0,45	1,35	1,8	-	-	-	-	-	-	-	-
MgCl₂.6H₂O*	-	-	-	-	-	-	0,45	-	-	-	-	-	-
Micro completo**	0,5	0,5	0,5	0,5	0,5	0,5	0,5	-	-	0,5	-	-	-
omissão B	-	-	-	-	-	-	-	0,5	-	-	-	-	-
omissão Cu	-	-	-	-	-	-	-	-	0,5	-	-	-	-
omissão Mn	-	-	-	-	-	-	-	-	-	-	0,5	-	-
omissão Mo	-	-	-	-	-	-	-	-	-	-	-	0,5	-
omissão Zn	-	-	-	-	-	-	-	-	-	-	-	-	0,5
Fe-EDTA***	0,5	0,5	0,5	0,5	0,5	0,5	0,5	0,5	0,5	-	0,5	0,5	0,5

* Solução 1 molar; ** A solução estoque de micronutrientes tem a seguinte composição (g/L): 3,728 de KCl; 1,546 de H_3BO_3; 0,338 de $MnSO_4.H_2O$; 0,575 de $ZnSO_4.7H_2O$; 0,125 de $CuSO_4.5H_2O$; 0,081 de H_2MoO_4; 6,922 Fe-EDTA.; *** Fe-EDTA: 33,3g EDTA, 24,7 g de $FeSO_4.7H_2O$ e 89,9 ml de NaOH 1N

O preparo do extrato e a determinação analítica do material vegetal (teores foliares) foram realizados segundo Malavolta, Vitti e Oliveira (1997), variando de acordo com o elemento a ser analisado:

Nitrogênio – extração por meio da digestão sulfúrica (ácido sulfúrico com sais e catalisadores). Determinação analítica por titulação (semimicro-Kjeldahl).

Boro e Molibdênio – extração por meio da digestão por via seca (incineração em mufla). Determinação analítica por colorimetria da Azometina-H;

Fósforo, Potássio, Cálcio, Magnésio, Enxofre, Cobre, Ferro, Manganês e Zinco – extração por meio da digestão nítrico perclórica. Determinação analítica por espectrometria de emissão atômica com plasma acoplado indutivamente ICP-AES (optima 3000 DV).

Folhas superiores

Folhas inferiores

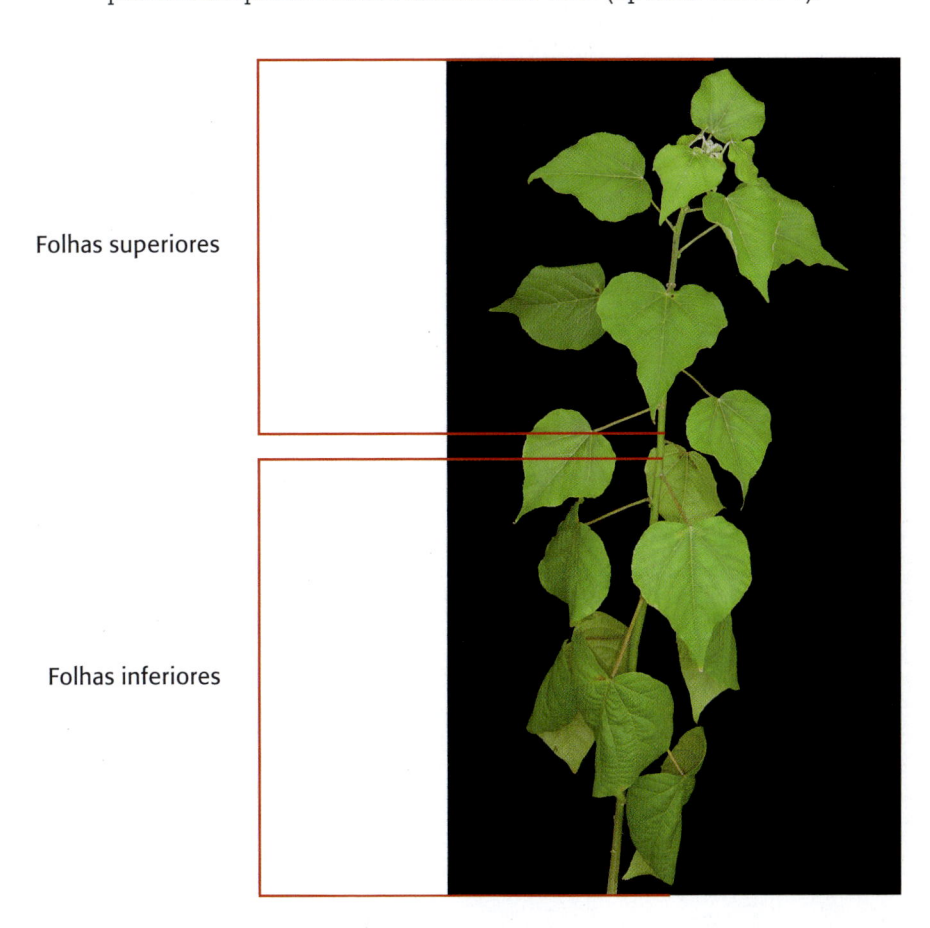

FIG. 2.1 Representação da parte aérea das espécies florestais divididas em folhas superiores e folhas inferiores

3 Resultados e Discussões

3.1 Chave geral para identificação dos sintomas de deficiências de macro e micronutrientes em espécies florestais nativas

Tratamento Completo
Espécies cultivadas com todos os macronutrientes e micronutrientes

3.1.1 Macronutrientes

Nitrogênio
Clorose em geral uniforme das folhas mais velhas; crescimento lento; senescência precoce das folhas

Fósforo
Cor verde-azulada com ou sem amarelecimento das margens das folhas mais velhas; limbo foliar mais estreito

Potássio
Clorose e necrose das pontas e margens das folhas mais velhas

Cálcio
Clorose internerval seguida de necrose das folhas mais novas, com crescimento não uniforme, murchamento das folhas e colapso do pecíolo

Magnésio
Clorose e necrose internerval das folhas mais velhas

Enxofre
Folhas com clorose internerval, as quais se mostram pequenas, com enrolamento das margens seguido de necrose e desfolhamento

3.1.2 Micronutrientes

Boro
As folhas novas apresentam-se menores e deformadas, com clorose irregular; nervuras suberificadas; morte do meristema apical do caule; encurtamento de internódios; superbrotamento de ramos; fendas na casca

Cobre
Coloração verde-azulada das folhas mais novas, tornando-se cloróticas (pontas e margens), com posterior necrose; nervuras muito salientes, provocando o encurvamento e a deformação das folhas; gemas múltiplas; caules e ramos tortuosos

Ferro
Clorose das folhas mais novas; nervuras em retículo verde e fino

Manganês
Clorose das folhas mais novas; nervuras em retículo verde e grosso

Molibdênio
Clorose internerval (manchas amarelo-esverdeadas) em folhas mais velhas, seguida de necrose; murchamento das margens e encurvamento do limbo para baixo

Zinco
As folhas novas tornam-se lanceoladas, estreitas e pequenas, com clorose internerval; internódios mais curtos que formam rosetas de folhas no ápice dos ramos

Dados secundários das características da espécie

Astronium graveolens Jacq. (guaritá)

Árvore de crescimento lento, decídua, heliófita ou esciófita, que ocorre geralmente em agrupamentos descontínuos em terrenos rochosos. Produz anualmente grande quantidade de sementes amplamente disseminadas pelo vento.
Ocorrência – sul da Bahia, Espírito Santo e Minas Gerais, na floresta pluvial da encosta atlântica, e Mato Grosso do Sul até o Rio Grande do Sul, na floresta latifoliada semidecídua da bacia do Paraná (Lorenzi, 1992).

	Teores foliares	
	Folha superior	Folha inferior
	Macronutrientes (g/kg)	
Nitrogênio	20	18
Fósforo	4,5	2,7
Potássio	16	13
Cálcio	13	32
Magnésio	2,5	4,6
Enxofre	3,1	2,8
	Micronutrientes (mg/kg)	
Boro	41	75
Cobre	2	1
Ferro	227	258
Manganês	10	27
Molibdênio	1,26	1,63
Zinco	21	21

Dados secundários das características da espécie

Tapirira guianensis Aubl. (tapirira)

Árvore perenifólia, pioneira, heliófita, característica da floresta ombrófila de planície. É também muito encontrada em formações secundárias de solos úmidos, como os encontrados em várzeas e beira de rios. Embora possa ser encontrada amplamente também em solos secos de encostas, é na várzea úmida que apresenta seu maior desenvolvimento.

Ocorrência – todo o território brasileiro, principalmente em terrenos úmidos, em quase todas as formações vegetais (Lorenzi, 1992).

	Teores foliares	
	Folha superior	Folha inferior
Macronutrientes (g/kg)		
Nitrogênio	18	15
Fósforo	2,8	3,9
Potássio	14	16
Cálcio	10	17
Magnésio	2,2	2,3
Enxofre	1,5	1,6
Micronutrientes (mg/kg)		
Boro	48	86
Cobre	2	2
Ferro	276	322
Manganês	24	60
Molibdênio	0,61	0,81
Zinco	20	23

Dados secundários das características da espécie

Cecropia pachystachya Trec. (embaúba)

Árvore perenifólia, heliófita, pioneira e seletiva higrófita, característica de solos úmidos em beira de matas e em suas clareiras. Prefere as matas secundárias, sendo rara no interior da mata primária densa, além de ser encontrada também em capoeiras novas situadas junto a vertentes ou cursos d'água e em terrenos baixos com lençol freático superficial.

Ocorrência – Ceará, Bahia, Minas Gerais, Goiás e Mato Grosso do Sul até Santa Catarina, em várias formações florestais (Lorenzi, 1992).

	Teores foliares	
	Folha superior	Folha inferior
	Macronutrientes (g/kg)	
Nitrogênio	15	10
Fósforo	2,8	2,4
Potássio	16	5
Cálcio	14	25
Magnésio	2,9	2,7
Enxofre	2,4	1,0
	Micronutrientes (mg/kg)	
Boro	54	68
Cobre	3	9
Ferro	411	456
Manganês	23	61
Molibdênio	2,40	0,81
Zinco	42	36

Tratamento Completo

Croton urucurana Baill. (sangra-d'água)

Euphorbiaceae

Dados secundários das características da espécie
Croton urucurana Baill. (sangra-d'água)

Árvore decídua, heliófita, pioneira e seletiva higrófita, característica de terrenos úmidos e brejosos, principalmente da floresta latifoliada semidecídua. Ocorre quase que exclusivamente em formações secundárias, como capoeiras e capoeirões, onde chega a formar populações quase puras. Produz anualmente grande quantidade de sementes viáveis, amplamente disseminadas pela avifauna.

Ocorrência – Bahia, Rio de Janeiro, Minas Gerais e Mato Grosso do Sul até o Rio Grande do Sul, em matas ciliares de várias formações florestais (Lorenzi, 1992).

	Teores foliares	
	Folha superior	Folha inferior
Macronutrientes (g/kg)		
Nitrogênio	31	16
Fósforo	8,2	5,6
Potássio	36	34
Cálcio	16	30
Magnésio	9,0	8,3
Enxofre	3,5	2,4
Micronutrientes (mg/kg)		
Boro	65	104
Cobre	2	3
Ferro	168	231
Manganês	39	163
Molibdênio	1,81	1,76
Zinco	32	27

Dados secundários das características da espécie
Acacia polyphylla DC.
(monjoleiro)

Árvore pioneira, semidecídua ou decídua, seletiva xerófita e heliófita. Nas formações secundárias, sua ocorrência é expressiva em todos os estágios sucessionais, particularmente nas encostas e topos de morros de terrenos pedregosos e secos. Produz anualmente grande quantidade de sementes que garantem sua regeneração natural.

Ocorrência – região amazônica até o Paraná, na floresta latifoliada semidecídua. É particularmente frequente nos Estados de Mato Grosso do Sul, São Paulo e Paraná (Lorenzi, 1992).

	Teores foliares	
	Folha superior	Folha inferior
Macronutrientes (g/kg)		
Nitrogênio	31	31
Fósforo	2,4	2,7
Potássio	18	11
Cálcio	15	26
Magnésio	3,0	3,7
Enxofre	2,1	1,9
Micronutrientes (mg/kg)		
Boro	60	73
Cobre	2	3
Ferro	149	206
Manganês	59	116
Molibdênio	1,20	0,45
Zinco	16	20

Acacia polyphylla DC. (monjoleiro)
Fabaceae

Tratamento Completo

Fabaceae — *Enterolobium contortisiliquum* (Vell.) Morong (orelha-de-nego)

Dados secundários das características da espécie

Enterolobium contortisiliquum (Vell.) Morong
(orelha-de-nego)

Árvore decídua no inverno, heliófita, seletiva higrófita, pioneira, dispersa em várias formações florestais. Na floresta primária é pouco comum e, quase sempre, concentrada em solos úmidos. Em capoeiras e estágios mais adiantados da sucessão secundária, sua frequência é maior. Não produz sementes todos os anos.

Ocorrência – Pará, Maranhão e Piauí até o Mato Grosso do Sul e o Rio Grande do Sul, nas florestas pluviais e semidecíduas. É particularmente frequente na floresta latifoliada da bacia do Paraná (Lorenzi, 1992).

	Teores foliares	
	Folha superior	Folha inferior
Macronutrientes (g/kg)		
Nitrogênio	22	22
Fósforo	3,2	2,5
Potássio	18	16
Cálcio	12	20
Magnésio	3,5	9,1
Enxofre	2,7	2,3
Micronutrientes (mg/kg)		
Boro	73	111
Cobre	3	2
Ferro	134	178
Manganês	24	55
Molibdênio	1,40	1,01
Zinco	82	24

TRATAMENTO COMPLETO

DADOS SECUNDÁRIOS DAS CARACTERÍSTICAS DA ESPÉCIE
Hymenaea courbaril L. var. (jatobá)

Árvore de crescimento relativamente lento, semidecídua, heliófita ou escíófita, seletiva xerófita, característica da floresta latifoliada semidecídua. Produz anualmente grande quantidade de sementes viáveis.
Ocorrência – Piauí até o norte do Paraná, na floresta semidecídua e nos cerradões (Lorenzi, 1992).

Hymenaea courbaril L. var. (jatobá) Fabaceae

	Teores foliares	
	Folha superior	Folha inferior
Macronutrientes (g/kg)		
Nitrogênio	28	28
Fósforo	10,0	14,5
Potássio	23	10
Cálcio	10	12
Magnésio	3,4	3,1
Enxofre	2,7	2,3
Micronutrientes (mg/kg)		
Boro	93	93
Cobre	4	7
Ferro	279	375
Manganês	77	212
Molibdênio	0,41	0,23
Zinco	27	30

TRATAMENTO COMPLETO

DADOS SECUNDÁRIOS DAS CARACTERÍSTICAS DA ESPÉCIE

Lonchocarpus muehlbergianus Hassl. (embira-de-sapo)

Árvore decídua, heliófita, característica das florestas semidecíduas (de altitude e da bacia do Paraná). Apresenta dispersão larga, porém descontínua e pouco expressiva, preferindo solos profundos, férteis e úmidos. Produz anualmente grande quantidade de sementes viáveis.

Ocorrência – Minas Gerais, Mato Grosso do Sul até o Rio Grande do Sul, principalmente na floresta latifoliada semidecídua da bacia do Paraná (Lorenzi, 1992).

Fabaceae — *Lonchocarpus muehlbergianus* Hassl. (embira-de-sapo)

	Teores foliares	
	Folha superior	**Folha inferior**
Macronutrientes (g/kg)		
Nitrogênio	23	19
Fósforo	2,4	2,8
Potássio	18	17
Cálcio	12	29
Magnésio	4,5	7,5
Enxofre	1,7	1,8
Micronutrientes (mg/kg)		
Boro	60	93
Cobre	2	3
Ferro	123	196
Manganês	16	31
Molibdênio	1,48	0,90
Zinco	21	23

Dados secundários das características da espécie
Aegiphila sellowiana Cham. (tamanqueiro)

Arvore decídua, heliófita, pioneira, característica das formações secundárias das florestas pluviais e semidecíduas. Apresenta dispersão bastante uniforme em quase todos os tipos de ambiente, exceto os muito úmidos, ocorrendo em todas as fases da sucessão secundária. Produz anualmente grande quantidade de sementes viáveis, amplamente disseminadas por pássaros.
Ocorrência – Rio de Janeiro, Minas Gerais e São Paulo, nas florestas semidecíduas e pluviais. (Lorenzi, 1992).

	Teores foliares	
	Folha superior	Folha inferior
Macronutrientes (g/kg)		
Nitrogênio	30	23
Fósforo	3,6	3,7
Potássio	25	18
Cálcio	16	20
Magnésio	3,6	4,7
Enxofre	2,7	2,3
Micronutrientes (mg/kg)		
Boro	46	51
Cobre	2	3
Ferro	120	127
Manganês	20	18
Molibdênio	5,06	10,11
Zinco	30	21

TRATAMENTO COMPLETO

DADOS SECUNDÁRIOS DAS CARACTERÍSTICAS DA ESPÉCIE
Cariniana legalis (Mart.) Kuntze (jequitibá-rosa)

Árvore semidecídua, heliófita ou esciófita, característica da floresta latifoliada semidecídua. Apresenta dispersão muito irregular e descontínua, ocorrendo em alta densidade em determinadas áreas e faltando completamente em outras. Ocorre principalmente no interior da floresta primária densa, onde ocupa o dossel superior; entretanto, tolera ambientes abertos, como as formações secundárias.

Ocorrência – Espírito Santo, Rio de Janeiro, Minas Gerais, São Paulo e Mato Grosso do Sul, tanto na floresta pluvial atlântica como na latifoliada semidecídua da bacia do Paraná (Lorenzi, 1992).

Cariniana legalis (Mart.) Kuntze (jequitibá-rosa)
Lecythidaceae

	Teores foliares	
	Folha superior	Folha inferior
Macronutrientes (g/kg)		
Nitrogênio	24	21
Fósforo	3,4	5,5
Potássio	22	19
Cálcio	26	39
Magnésio	5,0	6,2
Enxofre	3,0	3,0
Micronutrientes (mg/kg)		
Boro	70	89
Cobre	4	3
Ferro	634	581
Manganês	31	103
Molibdênio	0,78	1,16
Zinco	28	32

Dados secundários das características da espécie
Ceiba speciosa St. Hil.
(paineira)

Árvore decídua, heliófita, seletiva higrófita, característica da floresta latifoliada semidecídua. Ocorre tanto no interior da floresta primária densa, como em formações secundárias. Produz anualmente grande quantidade de sementes viáveis, disseminadas pelo vento.
Ocorrência – Rio de Janeiro, Minas Gerais, Goiás, São Paulo, Mato Grosso do Sul e norte do Paraná (Lorenzi, 1992).

Ceiba speciosa St. Hil. (paineira)
Malvaceae

	Teores foliares	
	Folha superior	Folha inferior
Macronutrientes (g/kg)		
Nitrogênio	22	18
Fósforo	3,1	3,9
Potássio	19	15
Cálcio	18	30
Magnésio	5,3	8,0
Enxofre	2,9	4,1
Micronutrientes (mg/kg)		
Boro	78	83
Cobre	3	9
Ferro	522	687
Manganês	27	48
Molibdênio	0,75	1,46
Zinco	36	33

Dados secundários das características da espécie

Guazuma ulmifolia Lam. (mutambo)

Árvore semidecídua, heliófita, pioneira, característica das formações secundárias da floresta latifoliada da bacia do Paraná. Sua dispersão é ampla, porém irregular e descontínua, ocorrendo também em outras formações vegetais. Produz anualmente grande quantidade de sementes viáveis.

Ocorrência – em quase todo o País, desde a Amazônia até o Paraná, principalmente na floresta latifoliada semidecídua (Lorenzi, 1992).

Guazuma ulmifolia Lam. (mutambo)
Malvaceae

	Teores foliares	
	Folha superior	Folha inferior
Macronutrientes (g/kg)		
Nitrogênio	19	18
Fósforo	4,7	5,9
Potássio	15	13
Cálcio	29	46
Magnésio	8,6	12,2
Enxofre	3,9	4,0
Micronutrientes (mg/kg)		
Boro	90	134
Cobre	4	5
Ferro	335	490
Manganês	171	253
Molibdênio	1,50	1,71
Zinco	41	88

DADOS SECUNDÁRIOS DAS CARACTERÍSTICAS DA ESPÉCIE
Esenbeckia leiocarpa Engl. (guarantã)

Árvore semidecídua, esciófita, característica da floresta latifoliada primária. Quando jovem, não tolera a insolação direta, razão pela qual não é encontrada em formações secundárias. Apresenta dispersão restrita e descontínua, ocorrendo em frequência elevada somente em poucas áreas.

Ocorrência – sul da Bahia até São Paulo, na mata pluvial atlântica e Minas Gerais, São Paulo, Goiás e Mato Grosso do Sul, na floresta latifoliada semidecídua (Lorenzi, 1992)

	Teores foliares	
	Folha superior	Folha inferior
Macronutrientes (g/kg)		
Nitrogênio	39	26
Fósforo	5,0	9,8
Potássio	29	25
Cálcio	10	14
Magnésio	3,2	2,7
Enxofre	3,1	2,2
Micronutrientes (mg/kg)		
Boro	27	48
Cobre	2	3
Ferro	288	395
Manganês	19	67
Molibdênio	1,10	1,45
Zinco	18	21

Tratamento Completo

Verbenaceae — *Cytharexyllum myrianthum* Cham. (pau-viola)

Dados secundários das características da espécie
Cytharexyllum myrianthum Cham. (pau-viola)

Árvore decídua, heliófita, seletiva higrófita, característica das florestas de galeria e pluvial atlântica. E rara fora da faixa litorânea, podendo ser encontrada apenas nas matas ciliares. Ocorre preferencialmente em terrenos muito úmidos e até brejosos, onde apresenta ótima regeneração natural em vários estágios da sucessão secundária. É rara no interior da mata primária densa. Produz anualmente grande quantidade de sementes viáveis, amplamente disseminadas pela avifauna.

Ocorrência – Bahia ao Rio Grande do Sul, na floresta pluvial atlântica e nas matas de galeria (Lorenzi, 1992).

	Teores foliares	
	Folha superior	Folha inferior
Macronutrientes (g/kg)		
Nitrogênio	22	20
Fósforo	11,2	9,2
Potássio	22	22
Cálcio	22	32
Magnésio	10,1	8,5
Enxofre	3,7	3,2
Micronutrientes (mg/kg)		
Boro	65	77
Cobre	3	3
Ferro	253	262
Manganês	26	40
Molibdênio	0,46	1,00
Zinco	23	28

Astronium graveolens Jacq. (guaritá)

IDENTIFICAÇÃO DOS SINTOMAS

Folhas amareladas, inicialmente as mais velhas com senescência precoce; folhas menores; crescimento lento; dormência das gemas laterais; redução do perfilhamento.

Folha superior: face adaxial
Teor foliar: 12 g/kg

Folha inferior: face adaxial
Teor foliar: 10 g/kg

Sintomas de deficiência de Nitrogênio (N)

Tapirira guianensis Aubl.
(tapirira)

Identificação dos sintomas

Folhas amareladas, inicialmente as mais velhas com senescência precoce; folhas menores; dormência das gemas laterais; redução do perfilhamento; ângulo agudo entre caule e folhas; crescimento lento.

(tapirira)

Folha superior: face adaxial
Teor foliar: 8 g/kg

Tapirira guianensis Aubl.

Folha inferior: face adaxial
Teor foliar: 7 g/kg

Anacardiaceae

SINTOMAS DE DEFICIÊNCIA DE NITROGÊNIO (N)

Cecropia pachystachya Trec. (embaúba)

IDENTIFICAÇÃO DOS SINTOMAS

Folhas amareladas, inicialmente as mais velhas com senescência precoce; folhas menores; dormência das gemas laterais; redução do perfilhamento; ângulo agudo entre caule e folhas; crescimento lento.

Folha superior: face adaxial
Teor foliar: 9 g/kg

Folha inferior: face adaxial
Teor foliar: 7 g/kg

Sintomas de deficiência de Nitrogênio (N)

Croton urucurana Baill.
(sangra-d'água)

Identificação dos sintomas

Folhas amareladas, inicialmente as mais velhas com senescência precoce; folhas menores; dormência das gemas laterais; redução do perfilhamento; ângulo agudo entre caule e folhas; crescimento lento. Com a intensificação dos sintomas, ocorre o desenvolvimento de manchas avermelhadas ao longo do limbo foliar.

(sangra-d'água)

Croton urucurana Baill.

Euphorbiaceae

Folha superior: face adaxial
Teor foliar: 17 g/kg

Folha inferior: face adaxial
Teor foliar: 10 g/kg

Sintomas de deficiência de Nitrogênio (N)

Acacia polyphylla DC.
(monjoleiro)

Identificação dos sintomas

Folhas amareladas, inicialmente as mais velhas com senescência precoce; folhas menores; crescimento lento; dormência das gemas laterais; redução do perfilhamento. Com a intensificação dos sintomas, ocorre o desenvolvimento de manchas avermelhadas ao longo do limbo foliar.

Folha superior: face adaxial
Teor foliar: 16 g/kg

Folha inferior: face adaxial
Teor foliar: 19 g/kg

Acacia polyphylla DC. (monjoleiro)

Fabaceae

Sintomas de deficiência de Nitrogênio (N)

Enterolobium contortisiliquum (Vell.) Morong
(orelha-de-nego)

Identificação dos sintomas

Folhas amareladas, inicialmente as mais velhas com senescência precoce; folhas menores; dormência das gemas laterais; redução do perfilhamento; ângulo agudo entre caule e folhas; crescimento lento. Com a intensificação dos sintomas, ocorre o desenvolvimento de manchas avermelhadas ao longo do limbo foliar.

Folha superior: face adaxial
Teor foliar: 14 g/kg

Folha inferior: face adaxial
Teor foliar: 15 g/kg

Enterolobium contortisiliquum (Vell.) Morong (orelha-de-nego)

Fabaceae

Sintomas de deficiência de Nitrogênio (N)

Hymenaea courbaril L. var. (jatobá)

Identificação dos sintomas

Folhas amareladas, inicialmente as mais velhas com senescência precoce; folhas menores; dormência das gemas laterais; redução do perfilhamento; ângulo agudo entre caule e folhas; crescimento lento. Com a intensificação dos sintomas, ocorre o desenvolvimento de manchas avermelhadas ao longo do limbo foliar.

Folha superior: face adaxial
Teor foliar: 15 g/kg

Folha inferior: face adaxial
Teor foliar: 14 g/kg

Hymenaea courbaril L. var. (jatobá)
Fabaceae

Sintomas de deficiência de Nitrogênio (N)

Lonchocarpus muehlbergianus Hassl.
(embira-de-sapo)

Identificação dos sintomas

Folhas amareladas, inicialmente as mais velhas com senescência precoce; folhas menores; crescimento lento; dormência das gemas laterais; redução do perfilhamento. Com a intensificação dos sintomas, ocorre o desenvolvimento de manchas necróticas ao longo do limbo foliar.

Folha superior: face adaxial
Teor foliar: 19 g/kg

Folha inferior: face adaxial
Teor foliar: 15 g/kg

Lonchocarpus muehlbergianus Hassl. (embira-de-sapo)

Fabaceae

Sintomas de deficiência de Nitrogênio (N)

Aegiphila sellowiana Cham. (tamanqueiro)

Identificação dos sintomas

Folhas amareladas, inicialmente as mais velhas com senescência precoce; folhas menores; dormência das gemas laterais; redução do perfilhamento; ângulo agudo entre caule e folhas; crescimento lento. Com a intensificação dos sintomas, ocorre o desenvolvimento de manchas necróticas ao longo do limbo foliar.

Folha superior: face adaxial
Teor foliar: 19 g/kg

Folha inferior: face adaxial
Teor foliar: 18 g/kg

Aegiphila sellowiana Cham. (tamanqueiro)

Lamiaceae

Sintomas de deficiência de Nitrogênio (N)

Cariniana legalis (Mart.) Kuntze (jequitibá-rosa)

Identificação dos sintomas

Folhas amareladas, inicialmente as mais velhas com senescência precoce; folhas menores; dormência das gemas laterais; redução do perfilhamento; ângulo agudo entre caule e folhas; crescimento lento. Com a intensificação dos sintomas, ocorre o desenvolvimento de manchas avermelhadas ao longo do limbo foliar.

Cariniana legalis (Mart.) Kuntze (jequitibá-rosa)

Folha superior: face adaxial
Teor foliar: 17 g/kg

Lecythidaceae

Folha inferior: face adaxial
Teor foliar: 15 g/kg

Sintomas de deficiência de Nitrogênio (N)

Ceiba speciosa St. Hil.
(paineira)

Identificação dos sintomas

Folhas amareladas, inicialmente as mais velhas com senescência precoce; folhas menores; dormência das gemas laterais; redução do perfilhamento; ângulo agudo entre caule e folhas; crescimento lento. Com a intensificação dos sintomas, ocorre o desenvolvimento de manchas avermelhadas ao longo do limbo foliar.

Folha superior: face adaxial
Teor foliar: 12 g/kg

Folha inferior: face adaxial
Teor foliar: 11 g/kg

Ceiba speciosa St. Hil. (paineira)

Malvaceae

Sintomas de deficiência de Nitrogênio (N)

Guazuma ulmifolia Lam. (mutambo)

Identificação dos sintomas

Folhas amareladas, inicialmente as mais velhas com senescência precoce; folhas menores; dormência das gemas laterais; redução do perfilhamento; ângulo agudo entre caule e folhas; crescimento lento. Com a intensificação dos sintomas, ocorre o desenvolvimento de manchas avermelhadas ao longo do limbo foliar.

Folha superior: face adaxial
Teor foliar: 15 g/kg

Folha inferior: face adaxial
Teor foliar: 11 g/kg

Guazuma ulmifolia Lam. (mutambo)

Malvaceae

Sintomas de deficiência de Nitrogênio (N)

Esenbeckia leiocarpa Engl. (guarantã)

Identificação dos sintomas

Folhas amareladas, inicialmente as mais velhas com senescência precoce; folhas menores; dormência das gemas laterais; redução do perfilhamento; ângulo agudo entre caule e folhas; crescimento lento. Com a intensificação dos sintomas, ocorre o desenvolvimento de manchas avermelhadas ao longo do limbo foliar.

Folha superior: face adaxial
Teor foliar: 27 g/kg

Folha inferior: face adaxial
Teor foliar: 20 g/kg

Esenbeckia leiocarpa Engl. (guarantã)

Rutaceae

Sintomas de deficiência de Nitrogênio (N)

Cytharexyllum myrianthum Cham. (pau-viola)

Identificação dos sintomas

Folhas amareladas, inicialmente as mais velhas com senescência precoce; folhas menores; dormência das gemas laterais; redução do perfilhamento; ângulo agudo entre caule e folhas; crescimento lento. Com a intensificação dos sintomas, ocorre o desenvolvimento de manchas avermelhadas ao longo do limbo foliar.

Folha superior: face adaxial
Teor foliar: 12 g/kg

Folha inferior: face adaxial
Teor foliar: 12 g/kg

Cytharexyllum myrianthum Cham. (pau-viola)

Verbenaceae

Sintomas de deficiência de Fósforo (P)

Astronium graveolens Jacq. (guaritá)

Identificação dos sintomas

As folhas mais velhas apresentam coloração verde-azulada; limbo foliar mais estreito; gemas laterais dormentes; menor ramificação.

Folha superior: face adaxial
Teor foliar: 0,6 g/kg

Folha inferior: face adaxial
Teor foliar: 0,7 g/kg

(guaritá) *Astronium graveolens* Jacq. Anacardiaceae

Sintomas de deficiência de Fósforo (P)

Tapirira guianensis Aubl.
(tapirira)

Identificação dos sintomas

As folhas mais velhas apresentam coloração verde-azulada; limbo foliar mais estreito; gemas laterais dormentes; menor ramificação.

Tapirira guianensis Aubl. (tapirira)

Folha superior: face adaxial
Teor foliar: 0,7 g/kg

Folha inferior: face adaxial
Teor foliar: 0,7 g/kg

Anacardiaceae

Sintomas de deficiência de Fósforo (P)

Cecropia pachystachya Trec. (embaúba)

Identificação dos sintomas

As folhas mais velhas apresentam coloração verde-azulada; limbo foliar mais estreito; gemas laterais dormentes; menor ramificação.

Folha superior: face adaxial
Teor foliar: 0,6 g/kg

Folha inferior: face adaxial
Teor foliar: 0,5 g/kg

Cecropia pachystachya Trec. (embaúba)

Cecropiaceae

Sintomas de deficiência de Fósforo (P)

Croton urucurana Baill.
(sangra-d'água)

Identificação dos sintomas

As folhas mais velhas apresentam coloração verde-azulada; limbo foliar mais estreito; gemas laterais dormentes; menor ramificação. Com a intensificação dos sintomas, ocorre o desenvolvimento de manchas avermelhadas ao longo do limbo foliar.

Folha superior: face adaxial
Teor foliar: 2,2 g/kg

Folha inferior: face adaxial
Teor foliar: 0,7 g/kg

Sintomas de deficiência de Fósforo (P)

Acacia polyphylla DC. (monjoleiro)

Identificação dos sintomas
As folhas mais velhas apresentam coloração verde-azulada; limbo foliar mais estreito; gemas laterais dormentes; menor ramificação.

Folha superior: face adaxial
Teor foliar: 1,4 g/kg

Folha inferior: face adaxial
Teor foliar: 1,0 g/kg

Acacia polyphylla DC. (monjoleiro)
Fabaceae

Sintomas de deficiência de Fósforo (P)

Enterolobium contortisiliquum (Vell.) Morong
(orelha-de-nego)

Identificação dos sintomas

As folhas mais velhas apresentam coloração verde-azulada; limbo foliar mais estreito; gemas laterais dormentes; menor ramificação.

Folha superior: face adaxial
Teor foliar: 1,0 g/kg

Folha inferior: face adaxial
Teor foliar: 0,6 g/kg

Sintomas de deficiência de Fósforo (P)

Hymenaea courbaril L. var. (jatobá)

IDENTIFICAÇÃO DOS SINTOMAS

As folhas mais velhas apresentam coloração verde-azulada; limbo foliar mais estreito; gemas laterais dormentes; menor ramificação. Com a intensificação dos sintomas, ocorre o desenvolvimento de manchas avermelhadas ao longo do limbo foliar.

Folha superior: face adaxial
Teor foliar: 2,2 g/kg

Folha inferior: face adaxial
Teor foliar: 1,9 g/kg

Hymenaea courbaril L. var. (jatobá)
Fabaceae

Resultados e discussões | 85

Sintomas de deficiência de Fósforo (P)

Lonchocarpus muehlbergianus Hassl. (embira-de-sapo)

Identificação dos sintomas

As folhas mais velhas apresentam coloração verde-azulada; limbo foliar mais estreito; gemas laterais dormentes; menor ramificação.

Folha superior: face adaxial
Teor foliar: 1,3 g/kg

Folha inferior: face adaxial
Teor foliar: 1,2 g/kg

Lonchocarpus muehlbergianus Hassl. (embira-de-sapo)

Fabaceae

Sintomas de deficiência de Fósforo (P)

Aegiphila sellowiana Cham.
(tamanqueiro)

Identificação dos sintomas

As folhas mais velhas apresentam coloração verde-azulada; limbo foliar mais estreito; gemas laterais dormentes; menor ramificação.

Folha superior: face adaxial
Teor foliar: 1,5 g/kg

Folha inferior: face adaxial
Teor foliar: 1,7 g/kg

Aegiphila sellowiana Cham. (tamanqueiro)
Lamiaceae

Sintomas de deficiência de Fósforo (P)

Cariniana legalis (Mart.) Kuntze (jequitibá-rosa)

Identificação dos sintomas

As folhas mais velhas apresentam coloração verde-azulada; limbo foliar mais estreito; gemas laterais dormentes; menor ramificação. Com a intensificação dos sintomas, ocorre o desenvolvimento de manchas avermelhadas ao longo do limbo foliar.

Folha superior: face adaxial
Teor foliar: 1,5 g/kg

Folha inferior: face adaxial
Teor foliar: 1,6 g/kg

Sintomas de deficiência de Fósforo (P)

Ceiba speciosa St. Hil.
(paineira)

Identificação dos sintomas

As folhas mais velhas apresentam coloração verde-azulada, tornando-se cloróticas; limbo foliar mais estreito. Com a intensificação dos sintomas, ocorre o desenvolvimento de manchas avermelhadas ao longo do limbo foliar.

Folha superior: face adaxial
Teor foliar: 1,0 g/kg

Folha inferior: face adaxial
Teor foliar: 0,8 g/kg

Ceiba speciosa St. Hil. (paineira)
Malvaceae

Sintomas de deficiência de Fósforo (P)

Guazuma ulmifolia Lam.
(mutambo)

Identificação dos sintomas

As folhas mais velhas apresentam coloração verde-azulada; limbo foliar mais estreito; gemas laterais dormentes; menor ramificação. Com a intensificação dos sintomas, ocorre o desenvolvimento de manchas avermelhadas ao longo do limbo foliar.

Folha superior: face adaxial
Teor foliar: 1,5 g/kg

Folha inferior: face adaxial
Teor foliar: 0,6 g/kg

Guazuma ulmifolia Lam. (mutambo)

Malvaceae

Esenbeckia leiocarpa Engl.
(guarantã)

IDENTIFICAÇÃO DOS SINTOMAS

As folhas mais velhas apresentam coloração verde-azulada; limbo foliar mais estreito; gemas laterais dormentes; menor ramificação. Com a intensificação dos sintomas, ocorre o desenvolvimento de manchas avermelhadas ao longo do limbo foliar.

Folha superior: face adaxial
Teor foliar: 1,8 g/kg

Folha inferior: face adaxial
Teor foliar: 1,7 g/kg

Sintomas de deficiência de Fósforo (P)

Cytharexyllum myrianthum Cham. (pau-viola)

Identificação dos sintomas

As folhas mais velhas apresentam coloração verde-azulada; limbo foliar mais estreito; gemas laterais dormentes; menor ramificação. Com a intensificação dos sintomas, ocorre o desenvolvimento de manchas avermelhadas ao longo do limbo foliar.

Folha superior: face adaxial
Teor foliar: 1,1 g/kg

Folha inferior: face adaxial
Teor foliar: 1,0 g/kg

Cytharexyllum myrianthum Cham. (pau-viola)

Verbenaceae

Sintomas de deficiência de Potássio (K)

Astronium graveolens Jacq. (guaritá)

Identificação dos sintomas

Clorose e, depois, necrose das margens e pontas das folhas, inicialmente das mais velhas; diminuição da dominância apical; deficiência de ferro induzida (clorose das folhas mais novas).

Folha superior: face adaxial
Teor foliar: 4 g/kg

Folha inferior: face adaxial
Teor foliar: 4 g/kg

Astronium graveolens Jacq. (guaritá)
Anacardiaceae

Sintomas de deficiência de Potássio (K)

Tapirira guianensis Aubl.
(tapirira)

Identificação dos sintomas

Clorose e necrose das margens e pontas das folhas, usualmente começando e sendo mais severas nas folhas mais velhas; diminuição da dominância apical; deficiência de ferro induzida (clorose das folhas mais novas).

Folha superior: face adaxial
Teor foliar: 7 g/kg

Folha inferior: face adaxial
Teor foliar: 7 g/kg

Tapirira guianensis Aubl. (tapirira)
Anacardiaceae

Sintomas de deficiência de Potássio (K)

Cecropia pachystachya Trec. (embaúba)

Identificação dos sintomas

Clorose e, depois, necrose das margens e pontas das folhas, inicialmente das mais velhas; diminuição da dominância apical; deficiência de ferro induzida (clorose das folhas mais novas).

Folha superior: face adaxial
Teor foliar: 4 g/kg

Folha inferior: face adaxial
Teor foliar: 2 g/kg

Cecropia pachystachya Trec. (embaúba)

Cecropiaceae

Sintomas de deficiência de Potássio (K)

Croton urucurana Baill.
(sangra-d'água)

Identificação dos sintomas

Clorose e depois necrose das margens e pontas das folhas, inicialmente das mais velhas; diminuição da dominância apical. Com a intensificação dos sintomas, ocorre a deficiência de ferro induzida (clorose das folhas mais novas).

Croton urucurana Baill. (sangra-d'água)

Folha superior: face adaxial
Teor foliar: 3 g/kg

Folha inferior: face adaxial
Teor foliar: 4 g/kg

Euphorbiaceae

Sintomas de deficiência de Potássio (K)

Acacia polyphylla DC. (monjoleiro)

Identificação dos sintomas
Clorose e, depois, necrose das margens e pontas das folhas, inicialmente das mais velhas; diminuição da dominância apical; deficiência de ferro induzida (clorose das folhas mais novas).

Folha superior: face adaxial
Teor foliar: 7 g/kg

Folha inferior: face adaxial
Teor foliar: 4 g/kg

Acacia polyphylla DC. (monjoleiro)
Fabaceae

Sintomas de deficiência de Potássio (K)

Enterolobium contortisiliquum (Vell.) Morong
(orelha-de-nego)

Identificação dos sintomas

Clorose e, depois, necrose das margens e pontas das folhas, inicialmente das mais velhas; diminuição da dominância apical; deficiência de ferro induzida (clorose das folhas mais novas).

Folha superior: face adaxial
Teor foliar: 7 g/kg

Folha inferior: face adaxial
Teor foliar: 4 g/kg

Enterolobium contortisiliquum (Vell.) Morong (orelha-de-nego)

Fabaceae

Sintomas de deficiência de Potássio (K)

Hymenaea courbaril L. var. (jatobá)

Identificação dos sintomas
Clorose e, depois, necrose das margens e pontas das folhas, inicialmente das mais velhas; diminuição da dominância apical; deficiência de ferro induzida (clorose das folhas mais novas).

Folha superior: face adaxial
Teor foliar: 9 g/kg

Folha inferior: face adaxial
Teor foliar: 4 g/kg

Hymenaea courbaril L. var. (jatobá)

Fabaceae

Sintomas de deficiência de Potássio (K)

Lonchocarpus muehlbergianus Hassl.
(embira-de-sapo)

Identificação dos sintomas

Clorose e, depois, necrose das margens e pontas das folhas, inicialmente das mais velhas; diminuição da dominância apical; deficiência de ferro induzida (clorose das folhas mais novas).

Folha superior: face adaxial
Teor foliar: 9 g/kg

Folha inferior: face adaxial
Teor foliar: 6 g/kg

Lonchocarpus muehlbergianus Hassl. (embira-de-sapo)

Fabaceae

Sintomas de deficiência de Potássio (K)

Aegiphila sellowiana Cham.
(tamanqueiro)

Identificação dos sintomas

As folhas mais velhas apresentam clorose e, depois, necrose das margens e pontas das folhas, progredindo por todo o limbo; diminuição da dominância apical; deficiência de ferro induzida (clorose das folhas mais novas).

Folha superior: face adaxial
Teor foliar: 6 g/kg

Folha inferior: face adaxial
Teor foliar: 6 g/kg

Aegiphila sellowiana Cham. (tamanqueiro)
Lamiaceae

Sintomas de deficiência de Potássio (K)

Cariniana legalis (Mart.) Kuntze
(jequitibá-rosa)

Identificação dos sintomas
Clorose e necrose das margens e pontas das folhas, usualmente começando e sendo mais severas nas folhas mais velhas; diminuição da dominância apical.

Folha superior: face adaxial
Teor foliar: 8 g/kg

Folha inferior: face adaxial
Teor foliar: 5 g/kg

Cariniana legalis (Mart.) Kuntze (jequitibá-rosa)
Lecythidaceae

Sintomas de deficiência de Potássio (K)

Ceiba speciosa St. Hil.
(paineira)

Identificação dos sintomas

Clorose e, depois, necrose das margens e pontas das folhas, inicialmente das mais velhas; diminuição da dominância apical. Com a intensificação dos sintomas, ocorre a deficiência de ferro induzida (clorose das folhas mais novas).

Folha superior: face adaxial
Teor foliar: 5 g/kg

Folha inferior: face adaxial
Teor foliar: 3 g/kg

Ceiba speciosa St. Hil. (paineira)

Malvaceae

Sintomas de deficiência de Potássio (K)

Guazuma ulmifolia Lam. (mutambo)

Identificação dos sintomas

As folhas mais velhas apresentam clorose e, depois, necrose das margens e pontas das folhas, progredindo por todo o limbo; diminuição da dominância apical; deficiência de ferro induzida (clorose das folhas mais novas).

Folha superior: face adaxial
Teor foliar: 6 g/kg

Folha inferior: face adaxial
Teor foliar: 4 g/kg

Guazuma ulmifolia Lam. (mutambo)
Malvaceae

Sintomas de deficiência de Potássio (K)

Esenbeckia leiocarpa Engl. (guarantã)

Identificação dos sintomas

Clorose e necrose das margens e pontas das folhas, usualmente começando e sendo mais severas nas folhas mais velhas; diminuição da dominância apical. Com a intensificação dos sintomas, ocorre a deficiência de ferro induzida (clorose das folhas mais novas).

Folha superior: face adaxial
Teor foliar: 15 g/kg

Folha inferior: face adaxial
Teor foliar: 12 g/kg

Esenbeckia leiocarpa Engl. (guarantã)

Rutaceae

Sintomas de deficiência de Potássio (K)

Cytharexyllum myrianthum Cham. (pau-viola)

Identificação dos sintomas
Clorose e, depois, necrose das margens e pontas das folhas, inicialmente das mais velhas; diminuição da dominância apical; deficiência de ferro induzida (clorose das folhas mais novas).

Folha superior: face adaxial
Teor foliar: 7 g/kg

Folha inferior: face adaxial
Teor foliar: 7 g/kg

Cytharexyllum myrianthum Cham. (pau-viola)
Verbenaceae

Sintomas de deficiência de Cálcio (Ca)

Astronium graveolens Jacq.
(guaritá)

Identificação dos sintomas

As folhas mais novas apresentam clorose internerval seguida de necrose, com crescimento não uniforme, do qual resultam em formas tortas (com aspecto de ganchos nas pontas); murchamento das folhas e colapso do pecíolo; morte das gemas terminais, com gemas laterais dormentes.

Folha superior: face adaxial
Teor foliar: 4 g/kg

Folha inferior: face adaxial
Teor foliar: 13 g/kg

(guaritá)

Astronium graveolens Jacq.

Anacardiaceae

Sintomas de deficiência de Cálcio (Ca)

Tapirira guianensis Aubl.
(tapirira)

Identificação dos sintomas

As folhas mais novas apresentam clorose internerval seguida de necrose, com crescimento não uniforme, do qual resultam em formas tortas (com aspecto de ganchos nas pontas); murchamento das folhas e colapso do pecíolo; morte das gemas terminais, com gemas laterais dormentes.

Folha superior: face adaxial
Teor foliar: 3 g/kg

Folha inferior: face adaxial
Teor foliar: 9 g/kg

Tapirira guianensis Aubl. (tapirira)
Anacardiaceae

SINTOMAS DE DEFICIÊNCIA DE CÁLCIO (CA)

Cecropia pachystachya Trec. (embaúba)

IDENTIFICAÇÃO DOS SINTOMAS
Clorose e depois necrose das margens e pontas das folhas, inicialmente das mais velhas; diminuição da dominância apical; deficiência de ferro induzida (clorose das folhas mais novas).

Folha superior: face adaxial
Teor foliar: 3 g/kg

Folha inferior: face adaxial
Teor foliar: 11 g/kg

Cecropia pachystachya Trec. (embaúba)

Cecropiaceae

Resultados e discussões | 109

Sintomas de deficiência de Cálcio (Ca)

Croton urucurana Baill.
(sangra-d'água)

Identificação dos sintomas

As folhas mais novas apresentam clorose internerval seguida de necrose, com crescimento não uniforme, do qual resultam em formas tortas (com aspecto de ganchos nas pontas); murchamento das folhas e colapso do pecíolo; morte das gemas terminais, com gemas laterais dormentes.

Folha superior: face adaxial
Teor foliar: 2 g/kg

Folha inferior: face adaxial
Teor foliar: 12 g/kg

Sintomas de deficiência de Cálcio (Ca)

Acacia polyphylla DC. (monjoleiro)

Identificação dos sintomas
As folhas mais novas apresentam clorose uniforme seguida de necrose, com crescimento não uniforme e murchamento das folhas; colapso do pecíolo; morte das gemas terminais e gemas laterais dormentes.

Folha superior: face adaxial
Teor foliar: 4 g/kg

Folha inferior: face adaxial
Teor foliar: 7 g/kg

Acacia polyphylla DC. (monjoleiro)

Fabaceae

Sintomas de deficiência de Cálcio (Ca)

Enterolobium contortisiliquum (Vell.) Morong
(orelha-de-nego)

Identificação dos sintomas

As folhas mais novas apresentam clorose uniforme seguida de necrose, com crescimento não uniforme e murchamento das folhas; colapso do pecíolo; morte das gemas terminais e gemas laterais dormentes.

Enterolobium contortisiliquum (Vell.) Morong (orelha-de-nego)

Folha superior: face adaxial
Teor foliar: 3 g/kg

Folha inferior: face adaxial
Teor foliar: 8 g/kg

Fabaceae

Sintomas de deficiência de Cálcio (Ca)

Hymenaea courbaril L. var.
(jatobá)

Identificação dos sintomas

As folhas mais novas apresentam clorose internerval seguida de necrose, com crescimento não uniforme e murchamento das folhas; colapso do pecíolo; morte das gemas terminais e gemas laterais dormentes.

Folha superior: face adaxial
Teor foliar: 2 g/kg

Folha inferior: face adaxial
Teor foliar: 4 g/kg

Sintomas de deficiência de Cálcio (Ca)

Lonchocarpus muehlbergianus Hassl. (embira-de-sapo)

Identificação dos sintomas

As folhas mais novas apresentam clorose internerval seguida de necrose, com crescimento não uniforme e murchamento das folhas; colapso do pecíolo; morte das gemas terminais e gemas laterais dormentes.

Folha superior: face adaxial
Teor foliar: 2 g/kg

Folha inferior: face adaxial
Teor foliar: 11 g/kg

Lonchocarpus muehlbergianus Hassl. (embira-de-sapo)

Fabaceae

Sintomas de deficiência de Cálcio (Ca)

Aegiphila sellowiana Cham. (tamanqueiro)

Identificação dos sintomas

As folhas mais novas apresentam clorose internerval seguida de necrose, com crescimento não uniforme, do qual resultam em formas tortas (com aspecto de ganchos nas pontas); murchamento das folhas e colapso do pecíolo; morte das gemas terminais, com gemas laterais dormentes.

Folha superior: face adaxial
Teor foliar: 3 g/kg

Folha inferior: face adaxial
Teor foliar: 4 g/kg

Aegiphila sellowiana Cham. (tamanqueiro)

Lamiaceae

Sintomas de deficiência de Cálcio (Ca)

Cariniana legalis (Mart.) Kuntze (jequitibá-rosa)

Identificação dos sintomas

As folhas mais novas apresentam clorose internerval seguida de necrose, com crescimento não uniforme, do qual resultam em formas tortas (com aspecto de ganchos nas pontas); murchamento das folhas e colapso do pecíolo; morte das gemas terminais, com gemas laterais dormentes.

Folha superior: face adaxial
Teor foliar: 4 g/kg

Folha inferior: face adaxial
Teor foliar: 7 g/kg

Cariniana legalis (Mart.) Kuntze (jequitibá-rosa)
Lecythidaceae

Sintomas de deficiência de Cálcio (Ca)

Ceiba speciosa St. Hil.
(paineira)

Identificação dos sintomas

As folhas mais novas apresentam clorose internerval seguida de necrose, com crescimento não uniforme, do qual resultam em formas tortas (com aspecto de ganchos nas pontas); murchamento das folhas e colapso do pecíolo; morte das gemas terminais, com gemas laterais dormentes.

Folha superior: face adaxial
Teor foliar: 4 g/kg

Folha inferior: face adaxial
Teor foliar: 9 g/kg

Ceiba speciosa St. Hil. (paineira)

Malvaceae

Sintomas de deficiência de Cálcio (Ca)

Guazuma ulmifolia Lam. (mutambo)

Identificação dos sintomas

As folhas mais novas apresentam clorose internerval seguida de necrose, com crescimento não uniforme, do qual resultam em formas tortas (com aspecto de ganchos nas pontas); murchamento das folhas e colapso do pecíolo; morte das gemas terminais, com gemas laterais dormentes.

Folha superior: face adaxial
Teor foliar: 6 g/kg

Folha inferior: face adaxial
Teor foliar: 15 g/kg

Sintomas de deficiência de Cálcio (Ca)

Esenbeckia leiocarpa Engl. (guarantã)

IDENTIFICAÇÃO DOS SINTOMAS

As folhas mais novas apresentam clorose internerval, com crescimento não uniforme, do qual resultam em formas tortas (com aspecto de ganchos nas pontas); murchamento das folhas e colapso do pecíolo; morte das gemas terminais, com gemas laterais dormentes.

Folha superior: face adaxial
Teor foliar: 4 g/kg

Folha inferior: face adaxial
Teor foliar: 6 g/kg

Esenbeckia leiocarpa Engl. (guarantã)

Rutaceae

Sintomas de deficiência de Cálcio (Ca)

Cytharexyllum myrianthum Cham. (pau-viola)

Identificação dos sintomas

As folhas mais novas apresentam clorose internerval seguida de necrose, com crescimento não uniforme, do qual resultam em formas tortas; murchamento das folhas e colapso do pecíolo; morte das gemas terminais, com gemas laterais dormentes.

Folha superior: face adaxial
Teor foliar: 5 g/kg

Folha inferior: face adaxial
Teor foliar: 7 g/kg

Cytharexyllum myrianthum Cham. (pau-viola)
Verbenaceae

Sintomas de deficiência de Magnésio (Mg)

Astronium graveolens Jacq. (guaritá)

Identificação dos sintomas
Clorose internerval das folhas mais velhas, seguida de necrose (margens e pontas).

Folha superior: face adaxial
Teor foliar: 1,1 g/kg

Folha inferior: face adaxial
Teor foliar: 2,8 g/kg

(guaritá) — *Astronium graveolens* Jacq. — Anacardiaceae

Sintomas de deficiência de Magnésio (Mg)

Tapirira guianensis Aubl. (tapirira)

Identificação dos sintomas

Clorose internerval das folhas mais velhas, seguida de necrose (margens e pontas).

Tapirira guianensis Aubl. (tapirira)

Anacardiaceae

Folha superior: face adaxial
Teor foliar: 1,4 g/kg

Folha inferior: face adaxial
Teor foliar: 1,8 g/kg

Sintomas de deficiência de Magnésio (Mg)

Cecropia pachystachya Trec. (embaúba)

Identificação dos sintomas
Clorose internerval das folhas mais velhas, seguida de necrose (margens e pontas).

Folha superior: face adaxial
Teor foliar: 1,0 g/kg

Folha inferior: face adaxial
Teor foliar: 1,8 g/kg

Sintomas de deficiência de Magnésio (Mg)

Croton urucurana Baill.
(sangra-d'água)

Identificação dos sintomas

Clorose internerval das folhas mais velhas, seguida pelo desenvolvimento de cor alaranjada. Com a intensificação dos sintomas, ocorre o desenvolvimento de manchas necróticas ao longo do limbo foliar.

Folha superior: face adaxial
Teor foliar: 4,0 g/kg

Folha inferior: face adaxial
Teor foliar: 4,7 g/kg

SINTOMAS DE DEFICIÊNCIA DE MAGNÉSIO (Mg)

Acacia polyphylla DC.
(monjoleiro)

IDENTIFICAÇÃO DOS SINTOMAS
Clorose internerval das folhas mais velhas, seguida de necrose (margens e pontas).

Folha superior: face adaxial
Teor foliar: 2,1 g/kg

Folha inferior: face adaxial
Teor foliar: 2,7 g/kg

Acacia polyphylla DC. (monjoleiro)

Fabaceae

Resultados e discussões | 125

Sintomas de deficiência de Magnésio (Mg)

Enterolobium contortisiliquum (Vell.) Morong
(orelha-de-nego)

Identificação dos sintomas
Clorose internerval das folhas mais velhas, seguida de necrose (margens e pontas).

Folha superior: face adaxial
Teor foliar: 1,3 g/kg

Folha inferior: face adaxial
Teor foliar: 4,1 g/kg

Sintomas de deficiência de Magnésio (Mg)

Hymenaea courbaril L. var. (jatobá)

Identificação dos sintomas
Clorose internerval das folhas mais velhas, seguida de necrose (margens e pontas).

Folha superior: face adaxial
Teor foliar: 2,2 g/kg

Folha inferior: face adaxial
Teor foliar: 1,6 g/kg

Hymenaea courbaril L. var. (jatobá)
Fabaceae

Sintomas de deficiência de Magnésio (Mg)

Lonchocarpus muehlbergianus Hassl. (embira-de-sapo)

Identificação dos sintomas
Clorose internerval das folhas mais velhas, seguida de necrose (margens e pontas).

Lonchocarpus muehlbergianus Hassl. (embira-de-sapo)

Fabaceae

Folha superior: face adaxial
Teor foliar: 2,9 g/kg

Folha inferior: face adaxial
Teor foliar: 4,9 g/kg

SINTOMAS DE DEFICIÊNCIA DE MAGNÉSIO (MG)

Aegiphila sellowiana Cham. (tamanqueiro)

IDENTIFICAÇÃO DOS SINTOMAS
Clorose internerval das folhas mais velhas, seguida de necrose (margens e pontas).

Folha superior: face adaxial
Teor foliar: 1,8 g/kg

Folha inferior: face adaxial
Teor foliar: 2,6 g/kg

Aegiphila sellowiana Cham. (tamanqueiro)

Lamiaceae

Sintomas de deficiência de Magnésio (Mg)

Cariniana legalis (Mart.) Kuntze
(jequitibá-rosa)

Identificação dos sintomas
Clorose internerval das folhas mais velhas, seguida de necrose (margens e pontas).

Cariniana legalis (Mart.) Kuntze (jequitibá-rosa)
Lecythidaceae

Folha superior: face adaxial
Teor foliar: 3,0 g/kg

Folha inferior: face adaxial
Teor foliar: 3,5 g/kg

Sintomas de deficiência de Magnésio (Mg)

Ceiba speciosa St. Hil.
(paineira)

IDENTIFICAÇÃO DOS SINTOMAS
Clorose internerval das folhas mais velhas, seguida de necrose (margens e pontas).

Folha superior: face adaxial
Teor foliar: 1,4 g/kg

Folha inferior: face adaxial
Teor foliar: 3,7 g/kg

Ceiba speciosa St. Hil. (paineira)

Malvaceae

Resultados e discussões | 131

Sintomas de deficiência de Magnésio (Mg)

Guazuma ulmifolia Lam. (mutambo)

Identificação dos sintomas
Clorose internerval das folhas mais velhas, seguida de necrose e desfolhamento.

Folha superior: face adaxial
Teor foliar: 4,4 g/kg

Folha inferior: face adaxial
Teor foliar: 2,5 g/kg

Guazuma ulmifolia Lam. (mutambo)

Malvaceae

Sintomas de deficiência de Magnésio (Mg)

Esenbeckia leiocarpa Engl. (guarantã)

Identificação dos sintomas
Clorose internerval das folhas mais velhas.

Folha superior: face adaxial
Teor foliar: 2,4 g/kg

Folha inferior: face adaxial
Teor foliar: 1,5 g/kg

Esenbeckia leiocarpa Engl. (guarantã)

Rutaceae

Sintomas de deficiência de Magnésio (Mg)

Cytharexyllum myrianthum Cham. (pau-viola)

Identificação dos sintomas

Clorose internerval das folhas mais velhas, seguida pelo desenvolvimento de cor alaranjada. Com a intensificação dos sintomas, ocorre o desenvolvimento de manchas necróticas ao longo do limbo foliar.

Folha superior: face adaxial
Teor foliar: 3,6 g/kg

Folha inferior: face adaxial
Teor foliar: 3,6 g/kg

Cytharexyllum myrianthum Cham. (pau-viola)

Verbenaceae

Sintomas de deficiência de Enxofre (S)

Astronium graveolens Jacq.
(guaritá)

Identificação dos sintomas
Folhas com clorose uniforme, inicialmente das mais novas, as quais se mostram pequenas, com enrolamento das margens, seguida de necrose e desfolhamento; internódios curtos.

Folha superior: face adaxial
Teor foliar: 1,0 g/kg

Folha inferior: face adaxial
Teor foliar: 1,6 g/kg

(guaritá)

Astronium graveolens Jacq.

Anacardiaceae

Sintomas de deficiência de Enxofre (S)

Tapirira guianensis Aubl.
(tapirira)

Identificação dos sintomas

Folhas com clorose uniforme, inicialmente das mais novas, as quais se mostram pequenas, com enrolamento das margens, seguida de necrose e desfolhamento; internódios curtos.

Folha superior: face adaxial
Teor foliar: 1,0 g/kg

Folha inferior: face adaxial
Teor foliar: 1,3 g/kg

Sintomas de deficiência de Enxofre (S)

Cecropia pachystachya Trec. (embaúba)

Identificação dos sintomas
Folhas com clorose internerval, inicialmente das mais novas, as quais se mostram pequenas, com enrolamento das margens, seguida de necrose e desfolhamento; internódios curtos.

Folha superior: face adaxial
Teor foliar: 1,2 g/kg

Folha inferior: face adaxial
Teor foliar: 0,8 g/kg

Cecropia pachystachya Trec. (embaúba)

Cecropiaceae

Sintomas de deficiência de Enxofre (S)

Croton urucurana Baill.
(sangra-d'água)

Identificação dos sintomas

Folhas com clorose uniforme, inicialmente das mais novas, as quais se mostram pequenas, seguida de necrose e desfolhamento; internódios curtos.

Folha superior: face adaxial
Teor foliar: 1,9 g/kg

Folha inferior: face adaxial
Teor foliar: 1,0 g/kg

Croton urucurana Baill. (sangra-d'água)
Euphorbiaceae

Sintomas de deficiência de Enxofre (S)

Acacia polyphylla DC.
(monjoleiro)

Identificação dos sintomas
Folhas com clorose uniforme, inicialmente das mais novas, as quais se mostram pequenas, seguida de necrose e desfolhamento; internódios curtos.

Folha superior: face adaxial
Teor foliar: 1,7 g/kg

Folha inferior: face adaxial
Teor foliar: 1,5 g/kg

Acacia polyphylla DC. (monjoleiro)

Fabaceae

Resultados e discussões | 139

Sintomas de deficiência de Enxofre (S)

Enterolobium contortisiliquum (Vell.) Morong
(orelha-de-nego)

Identificação dos sintomas

Folhas com clorose uniforme, inicialmente das mais novas, as quais se mostram pequenas, seguida de necrose e desfolhamento; internódios curtos.

Folha superior: face adaxial
Teor foliar: 1,8 g/kg

Folha inferior: face adaxial
Teor foliar: 1,2 g/kg

Enterolobium contortisiliquum (Vell.) Morong (orelha-de-nego)

Fabaceae

SINTOMAS DE DEFICIÊNCIA DE ENXOFRE (S)

Hymenaea courbaril L. var. (jatobá)

IDENTIFICAÇÃO DOS SINTOMAS

Folhas com clorose uniforme, inicialmente das mais novas, as quais se mostram pequenas, seguida de necrose e desfolhamento; internódios curtos.

Folha superior: face adaxial
Teor foliar: 0,9 g/kg

Folha inferior: face adaxial
Teor foliar: 0,6 g/kg

Hymenaea courbaril L. var. (jatobá)

Fabaceae

Sintomas de deficiência de Enxofre (S)

Lonchocarpus muehlbergianus Hassl. (embira-de-sapo)

Identificação dos sintomas

Folhas com clorose uniforme, inicialmente das mais novas, as quais se mostram pequenas, com enrolamento das margens, seguida de necrose e desfolhamento; internódios curtos.

Folha superior: face adaxial
Teor foliar: 1,3 g/kg

Folha inferior: face adaxial
Teor foliar: 1,4 g/kg

Lonchocarpus muehlbergianus Hassl. (embira-de-sapo)

Fabaceae

Sintomas de deficiência de Enxofre (S)

Aegiphila sellowiana Cham. (tamanqueiro)

Identificação dos sintomas
Folhas com clorose internerval, inicialmente das mais novas, as quais se mostram pequenas, com enrolamento das margens, seguida de necrose e desfolhamento; internódios curtos.

Folha superior: face adaxial
Teor foliar: 1,9 g/kg

Folha inferior: face adaxial
Teor foliar: 1,5 g/kg

Aegiphila sellowiana Cham. (tamanqueiro)

Lamiaceae

Sintomas de deficiência de Enxofre (S)

Cariniana legalis (Mart.) Kuntze (jequitibá-rosa)

Identificação dos sintomas

Folhas com clorose uniforme, inicialmente das mais novas, as quais se mostram pequenas, seguida de necrose e desfolhamento; internódios curtos.

Folha superior: face adaxial
Teor foliar: 1,9 g/kg

Folha inferior: face adaxial
Teor foliar: 2,2 g/kg

Cariniana legalis (Mart.) Kuntze (jequitibá-rosa)
Lecythidaceae

Sintomas de deficiência de Enxofre (S)

Ceiba speciosa St. Hil. (paineira)

Identificação dos sintomas
Folhas com clorose uniforme, inicialmente das mais novas, as quais se mostram pequenas, seguida de necrose e desfolhamento; internódios curtos.

Folha superior: face adaxial
Teor foliar: 1,3 g/kg

Folha inferior: face adaxial
Teor foliar: 1,0 g/kg

Ceiba speciosa St. Hil. (paineira)

Malvaceae

Sintomas de deficiência de Enxofre (S)

Guazuma ulmifolia Lam.
(mutambo)

IDENTIFICAÇÃO DOS SINTOMAS

Folhas com clorose internerval, inicialmente das mais novas, as quais se mostram pequenas, com enrolamento das margens, seguida de necrose e desfolhamento; internódios curtos.

Folha superior: face adaxial
Teor foliar: 2,0 g/kg

Folha inferior: face adaxial
Teor foliar: 1,6 g/kg

Guazuma ulmifolia Lam. (mutambo)
Malvaceae

Sintomas de deficiência de Enxofre (S)

Esenbeckia leiocarpa Engl.
(guarantã)

Identificação dos sintomas

Folhas com clorose internerval, inicialmente das mais novas, as quais se mostram pequenas, com enrolamento das margens, seguida de necrose e desfolhamento; internódios curtos.

Folha superior: face adaxial
Teor foliar: 2,1 g/kg

Folha inferior: face adaxial
Teor foliar: 1,7 g/kg

Sintomas de deficiência de Enxofre (S)

Cytharexyllum myrianthum Cham. (pau-viola)

Identificação dos sintomas

Folhas com clorose internerval, inicialmente das mais novas, as quais se mostram pequenas, com enrolamento das margens, seguida de necrose e desfolhamento; internódios curtos.

Folha superior: face adaxial
Teor foliar: 1,5 g/kg

Folha inferior: face adaxial
Teor foliar: 1,7 g/kg

Cytharexyllum myrianthum Cham. (pau-viola)
Verbenaceae

Sintomas de deficiência de Boro (B)

Astronium graveolens Jacq. (guaritá)

Identificação dos sintomas

Clorose irregular seguida de necrose das folhas mais novas, as quais se apresentam pequenas, deformadas, mais grossas e quebradiças; nervuras suberificadas e salientes; morte das gemas terminais e do meristema apical do caule, tornando a planta altamente ramificada; internódios mais curtos.

Folha superior: face adaxial
Teor foliar: 30 mg/kg

Folha inferior: face adaxial
Teor foliar: 42 mg/kg

Astronium graveolens Jacq. (guaritá)
Anacardiaceae

Resultados e Discussões | 149

Sintomas de deficiência de Boro (B)

Tapirira guianensis Aubl.
(tapirira)

Identificação dos sintomas

Clorose irregular seguida de necrose das folhas mais novas, as quais se apresentam pequenas, deformadas, mais grossas e quebradiças; nervuras suberificadas e salientes; morte das gemas terminais e do meristema apical do caule, tornando a planta altamente ramificada; encurtamento de internódios; fendas na casca.

Folha superior: face adaxial
Teor foliar: 26 mg/kg

Folha inferior: face adaxial
Teor foliar: 30 mg/kg

Sintomas de deficiência de Boro (B)

Cecropia pachystachya Trec. (embaúba)

Identificação dos sintomas

Clorose irregular seguida de necrose das folhas mais novas, as quais se apresentam pequenas, deformadas, mais grossas e quebradiças; nervuras suberificadas e salientes; morte das gemas terminais e do meristema apical do caule, tornando a planta altamente ramificada; encurtamento de internódios; fendas na casca.

Folha superior: face adaxial
Teor foliar: 30 mg/kg

Folha inferior: face adaxial
Teor foliar: 36 mg/kg

Cecropia pachystachya Trec. (embaúba)

Cecropiaceae

Sintomas de deficiência de Boro (B)

Croton urucurana Baill.
(sangra-d'água)

Identificação dos sintomas

Clorose irregular seguida de necrose das folhas mais novas, as quais se apresentam pequenas, deformadas, mais grossas e quebradiças; nervuras suberificadas e salientes; morte das gemas terminais e do meristema apical do caule, tornando a planta altamente ramificada; internódios curtos.

Croton urucurana Baill. (sangra-d'água)

Folha superior: face adaxial
Teor foliar: 33 mg/kg

Folha inferior: face adaxial
Teor foliar: 36 mg/kg

Euphorbiaceae

SINTOMAS DE DEFICIÊNCIA DE BORO (B)

Acacia polyphylla DC.
(monjoleiro)

IDENTIFICAÇÃO DOS SINTOMAS

Clorose irregular seguida de necrose das folhas mais novas, as quais se apresentam pequenas, deformadas, mais grossas e quebradiças; morte das gemas terminais e do meristema apical do caule, tornando a planta altamente ramificada; internódios curtos.

Folha superior: face adaxial
Teor foliar: 33 mg/kg

Folha inferior: face adaxial
Teor foliar: 35 mg/kg

(monjoleiro)

Acacia polyphylla DC.

Fabaceae

Sintomas de deficiência de Boro (B)

Enterolobium contortisiliquum (Vell.) Morong
(orelha-de-nego)

Identificação dos sintomas

Clorose irregular seguida de necrose das folhas mais novas, as quais se apresentam pequenas, deformadas, mais grossas e quebradiças; nervuras suberificadas e salientes; morte das gemas terminais e do meristema apical do caule, tornando a planta altamente ramificada; encurtamento de internódios; fendas na casca.

Enterolobium contortisiliquum (Vell.) Morong (orelha-de-nego)

Folha superior: face adaxial
Teor foliar: 31 mg/kg

Folha inferior: face adaxial
Teor foliar: 43 mg/kg

Fabaceae

Sintomas de deficiência de Boro (B)

Hymenaea courbaril L. var. (jatobá)

Identificação dos sintomas

Clorose irregular seguida de necrose das folhas mais novas, as quais se apresentam pequenas, deformadas, mais grossas e quebradiças; nervuras suberificadas e salientes; morte das gemas terminais e do meristema apical do caule, tornando a planta altamente ramificada; internódios curtos.

Folha superior: face adaxial
Teor foliar: 32 mg/kg

Folha inferior: face adaxial
Teor foliar: 36 mg/kg

Hymenaea courbaril L. var. (jatobá)

Fabaceae

Sintomas de deficiência de Boro (B)

Lonchocarpus muehlbergianus Hassl.
(embira-de-sapo)

Identificação dos sintomas

Clorose irregular seguida de necrose das folhas mais novas, as quais se apresentam pequenas, deformadas, mais grossas e quebradiças; nervuras suberificadas e salientes; morte das gemas terminais e do meristema apical do caule, tornando a planta altamente ramificada; encurtamento de internódios; fendas na casca.

Folha superior: face adaxial
Teor foliar: 32 mg/kg

Folha inferior: face adaxial
Teor foliar: 35 mg/kg

Lonchocarpus muehlbergianus Hassl. (embira-de-sapo)

Fabaceae

Sintomas de deficiência de Boro (B)

Aegiphila sellowiana Cham.
(tamanqueiro)

Identificação dos sintomas

Clorose irregular seguida de necrose das folhas mais novas, as quais se apresentam pequenas, deformadas, mais grossas e quebradiças; nervuras suberificadas e salientes; morte das gemas terminais e do meristema apical do caule; encurtamento de internódios; fendas na casca.

Folha superior: face adaxial
Teor foliar: 32 mg/kg

Folha inferior: face adaxial
Teor foliar: 35 mg/kg

Aegiphila sellowiana Cham. (tamanqueiro)
Lamiaceae

Sintomas de deficiência de Boro (B)

Cariniana legalis (Mart.) Kuntze
(jequitibá-rosa)

Identificação dos sintomas

Clorose irregular seguida de necrose das folhas mais novas, as quais se apresentam pequenas, deformadas, mais grossas e quebradiças; nervuras suberificadas e salientes; morte das gemas terminais e do meristema apical do caule, tornando a planta altamente ramificada; encurtamento de internódios; fendas na casca.

Folha superior: face adaxial
Teor foliar: 36 mg/kg

Folha inferior: face adaxial
Teor foliar: 49 mg/kg

Cariniana legalis (Mart.) Kuntze (jequitibá-rosa)

Lecythidaceae

Sintomas de deficiência de Boro (B)

Ceiba speciosa St. Hil.
(paineira)

Identificação dos sintomas
Clorose irregular seguida de necrose das folhas mais novas, as quais se apresentam pequenas, deformadas, mais grossas e quebradiças; nervuras suberificadas e salientes; morte das gemas terminais e do meristema apical do caule, tornando a planta altamente ramificada; encurtamento de internódios; fendas na casca.

Folha superior: face adaxial
Teor foliar: 28 mg/kg

Folha inferior: face adaxial
Teor foliar: 38 mg/kg

Ceiba speciosa St. Hil. (paineira)
Malvaceae

Sintomas de deficiência de Boro (B)

Guazuma ulmifolia Lam. (mutambo)

Identificação dos sintomas

Clorose irregular seguida de necrose das folhas mais novas, as quais se apresentam pequenas, deformadas, mais grossas e quebradiças; nervuras suberificadas e salientes; morte das gemas terminais e do meristema apical do caule; internódios curtos.

Folha superior: face adaxial
Teor foliar: 30 mg/kg

Folha inferior: face adaxial
Teor foliar: 38 mg/kg

Guazuma ulmifolia Lam. (mutambo)
Malvaceae

Sintomas de deficiência de Boro (B)

Esenbeckia leiocarpa Engl. (guarantã)

Identificação dos sintomas

Clorose irregular seguida de necrose das folhas mais novas, as quais se apresentam pequenas, deformadas, mais grossas e quebradiças; nervuras suberificadas e salientes; morte das gemas terminais e do meristema apical do caule, tornando a planta altamente ramificada; encurtamento de internódios; fendas na casca.

Folha superior: face adaxial
Teor foliar: 17 mg/kg

Folha inferior: face adaxial
Teor foliar: 21 mg/kg

Esenbeckia leiocarpa Engl. (guarantã)
Rutaceae

Resultados e Discussões | 161

Sintomas de deficiência de Boro (B)

Cytharexyllum myrianthum Cham. (pau-viola)

Identificação dos sintomas

Clorose irregular das folhas mais novas, as quais se apresentam pequenas, deformadas, mais grossas e quebradiças; nervuras suberificadas e salientes; morte das gemas terminais e do meristema apical do caule; encurtamento de internódios; fendas na casca. Com a intensificação dos sintomas ocorre o aparecimento de manchas necróticas por todo o limbo foliar.

Folha superior: face adaxial
Teor foliar: 34 mg/kg

Folha inferior: face adaxial
Teor foliar: 40 mg/kg

Cytharexyllum myrianthum Cham. (pau-viola)

Verbenaceae

Sintomas de deficiência de Cobre (Cu)

Astronium graveolens Jacq.
(guaritá)

Identificação dos sintomas

As folhas mais novas apresentam-se, inicialmente, verde-escuras, tornando-se cloróticas (pontas, margens); nervuras salientes provocando o encurvamento e a deformação das folhas; gemas múltiplas; caules e ramos tortuosos; perda da lignificação, com ramos ficando com aspecto de "caídos".

Folha superior: face adaxial
Teor foliar: 1 mg/kg

Folha inferior: face adaxial
Teor foliar: 1 mg/kg

(guaritá)
Astronium graveolens Jacq.
Anacardiaceae

Sintomas de deficiência de Cobre (Cu)

Tapirira guianensis Aubl.
(tapirira)

Identificação dos sintomas

As folhas mais novas apresentam-se, inicialmente, verde-escuras, tornando-se cloróticas (pontas, margens); nervuras salientes provocando o encurvamento e a deformação das folhas; gemas múltiplas; caules e ramos tortuosos; perda da lignificação, com ramos ficando com aspecto de "caídos".

Folha superior: face adaxial
Teor foliar: 1 mg/kg

Folha inferior: face adaxial
Teor foliar: 1 mg/kg

Tapirira guianensis Aubl. (tapirira)
Anacardiaceae

Sintomas de deficiência de Cobre (Cu)

Cecropia pachystachya Trec. (embaúba)

Identificação dos sintomas

As folhas mais novas apresentam-se, inicialmente, verde-escuras, tornando-se cloróticas (pontas, margens); nervuras salientes provocando o encurvamento e a deformação das folhas; gemas múltiplas; caules e ramos tortuosos.

Folha superior: face adaxial
Teor foliar: 2 mg/kg

Folha inferior: face adaxial
Teor foliar: 2 mg/kg

Cecropia pachystachya Trec. (embaúba)

Cecropiaceae

Sintomas de deficiência de Cobre (Cu)

Croton urucurana Baill.
(sangra-d'água)

Identificação dos sintomas

As folhas mais novas apresentam-se, inicialmente, verde-escuras, tornando-se cloróticas (pontas, margens), com posterior necrose; nervuras salientes provocando o encurvamento e a deformação das folhas; gemas múltiplas; caules e ramos tortuosos; perda da lignificação, com ramos ficando com aspecto de "caídos".

(sangra-d'água)

Croton urucurana Baill.

Folha superior: face adaxial
Teor foliar: 1 mg/kg

Folha inferior: face adaxial
Teor foliar: 1 mg/kg

Euphorbiaceae

Sintomas de deficiência de Cobre (Cu)

Acacia polyphylla DC. (monjoleiro)

Identificação dos sintomas

As folhas mais novas apresentam-se, inicialmente, verde-escuras, tornando-se cloróticas (pontas, margens), com posterior necrose; nervuras salientes provocando o encurvamento e a deformação das folhas; gemas múltiplas; caules e ramos tortuosos.

Folha superior: face adaxial
Teor foliar: 1 mg/kg

Folha inferior: face adaxial
Teor foliar: 1 mg/kg

Acacia polyphylla DC. (monjoleiro)

Fabaceae

Sintomas de deficiência de Cobre (Cu)

Enterolobium contortisiliquum (Vell.) Morong
(orelha-de-nego)

Identificação dos sintomas

As folhas mais novas apresentam-se, inicialmente, verde-escuras, tornando-se cloróticas (pontas, margens); nervuras salientes provocando o encurvamento e a deformação das folhas; gemas múltiplas; caules e ramos tortuosos.

Folha superior: face adaxial
Teor foliar: 1 mg/kg

Folha inferior: face adaxial
Teor foliar: 2 mg/kg

Fabaceae
Enterolobium contortisiliquum (Vell.) Morong (orelha-de-nego)

Sintomas de deficiência de Cobre (Cu)

Hymenaea courbaril L. var. (jatobá)

Identificação dos sintomas

As folhas mais novas apresentam-se, inicialmente, verde-escuras, tornando-se cloróticas (pontas, margens); nervuras salientes provocando o encurvamento e a deformação das folhas; caules e ramos tortuosos.

Folha superior: face adaxial
Teor foliar: 2 mg/kg

Folha inferior: face adaxial
Teor foliar: 4 mg/kg

Hymenaea courbaril L. var. (jatobá)

Fabaceae

Sintomas de deficiência de Cobre (Cu)

Lonchocarpus muehlbergianus Hassl.
(embira-de-sapo)

Identificação dos sintomas

As folhas mais novas apresentam-se, inicialmente, verde-escuras, tornando-se cloróticas (pontas, margens), com posterior necrose; nervuras salientes provocando o encurvamento e a deformação das folhas; gemas múltiplas; caules e ramos tortuosos; perda da lignificação, com ramos ficando com aspecto de "caídos".

Folha superior: face adaxial
Teor foliar: 1 mg/kg

Folha inferior: face adaxial
Teor foliar: 2 mg/kg

Lonchocarpus muehlbergianus Hassl. (embira-de-sapo)

Fabaceae

Sintomas de deficiência de Cobre (Cu)

Aegiphila sellowiana Cham. (tamanqueiro)

Identificação dos sintomas

As folhas mais novas apresentam-se, inicialmente, verde-escuras, tornando-se cloróticas (pontas, margens), com posterior necrose; nervuras salientes provocando o encurvamento e a deformação das folhas; gemas múltiplas; caules e ramos tortuosos; perda da lignificação, com ramos ficando com aspecto de "caídos".

Folha superior: face adaxial
Teor foliar: 1 mg/kg

Folha inferior: face adaxial
Teor foliar: 2 mg/kg

Aegiphila sellowiana Cham. (tamanqueiro)

Lamiaceae

Sintomas de deficiência de Cobre (Cu)

Cariniana legalis (Mart.) Kuntze (jequitibá-rosa)

Identificação dos sintomas

As folhas mais novas apresentam-se, inicialmente, verde-escuras, tornando-se cloróticas (pontas, margens), com posterior necrose; nervuras salientes provocando o encurvamento e a deformação das folhas; gemas múltiplas; caules e ramos tortuosos; perda da lignificação, com ramos ficando com aspecto de "caídos".

Cariniana legalis (Mart.) Kuntze (jequitibá-rosa)

Folha superior: face adaxial
Teor foliar: 2 mg/kg

Folha inferior: face adaxial
Teor foliar: 2 mg/kg

Lecythidaceae

Sintomas de deficiência de Cobre (Cu)

Ceiba speciosa St. Hil.
(paineira)

Identificação dos sintomas

As folhas mais novas apresentam-se, inicialmente, verde-escuras, tornando-se cloróticas (pontas, margens), com posterior necrose; nervuras salientes provocando o encurvamento e a deformação das folhas; gemas múltiplas; caules e ramos tortuosos; perda da lignificação, com ramos ficando com aspecto de "caídos".

Folha superior: face adaxial
Teor foliar: 1 mg/kg

Folha inferior: face adaxial
Teor foliar: 2 mg/kg

Ceiba speciosa St. Hil. (paineira)

Malvaceae

Sintomas de deficiência de Cobre (Cu)

Guazuma ulmifolia Lam. (mutambo)

IDENTIFICAÇÃO DOS SINTOMAS
As folhas mais novas apresentam-se, inicialmente, verde-escuras, tornando-se cloróticas; nervuras salientes provocando o encurvamento e a deformação das folhas, com posterior desfolhamento; caules e ramos tortuosos.

Folha superior: face adaxial
Teor foliar: 1 mg/kg

Folha inferior: face adaxial
Teor foliar: 1 mg/kg

Guazuma ulmifolia Lam. (mutambo)

Malvaceae

Sintomas de deficiência de Cobre (Cu)

Esenbeckia leiocarpa Engl.
(guarantã)

Identificação dos sintomas
As folhas mais novas apresentam-se, inicialmente, verde-escuras, tornando-se cloróticas (pontas, margens), com posterior necrose; nervuras salientes provocando o encurvamento e a deformação das folhas; gemas múltiplas; caules e ramos tortuosos.

Folha superior: face adaxial
Teor foliar: 1 mg/kg

Folha inferior: face adaxial
Teor foliar: 1 mg/kg

Sintomas de deficiência de Cobre (Cu)

Cytharexyllum myrianthum Cham. (pau-viola)

Identificação dos sintomas

As folhas mais novas apresentam-se, inicialmente, verde-escuras, tornando-se cloróticas (pontas, margens), com posterior necrose; nervuras salientes provocando o encurvamento e a deformação das folhas; gemas múltiplas; caules e ramos tortuosos; perda da lignificação, com ramos ficando com aspecto de "caídos".

Folha superior: face adaxial
Teor foliar: 1 mg/kg

Folha inferior: face adaxial
Teor foliar: 1 mg/kg

Cytharexyllum myrianthum Cham. (pau-viola)
Verbenaceae

Sintomas de deficiência de Ferro (Fe)

Astronium graveolens Jacq. (guaritá)

Identificação dos sintomas

Clorose internerval das folhas mais novas, com aparência de um retículo fino, ou seja, as nervuras ficam verde-escuras, enquanto o limbo fica verde-claro.

Folha superior: face adaxial
Teor foliar: 139 mg/kg

Folha inferior: face adaxial
Teor foliar: 159 mg/kg

Astronium graveolens Jacq. (guaritá)
Anacardiaceae

Sintomas de deficiência de Ferro (Fe)

Tapirira guianensis Aubl.
(tapirira)

Identificação dos sintomas

Clorose internerval das folhas mais novas, com aparência de um retículo fino, ou seja, as nervuras ficam verde-escuras, enquanto o limbo fica verde-claro; diminuição do crescimento. Com a intensificação dos sintomas, ocorre o aparecimento de manchas necróticas por todo o limbo foliar.

Folha superior: face adaxial
Teor foliar: 162 mg/kg

Folha inferior: face adaxial
Teor foliar: 209 mg/kg

Sintomas de deficiência de Ferro (Fe)

Cecropia pachystachya Trec. (embaúba)

Identificação dos sintomas
Clorose internerval das folhas mais novas, com aparência de um retículo fino, ou seja, as nervuras ficam verde-escuras, enquanto o limbo fica verde-claro.

Folha superior: face adaxial
Teor foliar: 218 mg/kg

Folha inferior: face adaxial
Teor foliar: 206 mg/kg

Cecropia pachystachya Trec. (embaúba)

Cecropiaceae

Sintomas de deficiência de Ferro (Fe)

Croton urucurana Baill.
(sangra-d'água)

Identificação dos sintomas

Clorose internerval das folhas mais novas, com aparência de um retículo fino, ou seja, as nervuras ficam verde-escuras, enquanto o limbo fica verde-claro; diminuição do crescimento.

Folha superior: face adaxial
Teor foliar: 45 mg/kg

Folha inferior: face adaxial
Teor foliar: 166 mg/kg

Croton urucurana Baill. (sangra-d'água)
Euphorbiaceae

SINTOMAS DE DEFICIÊNCIA DE FERRO (Fe)

Acacia polyphylla DC. (monjoleiro)

IDENTIFICAÇÃO DOS SINTOMAS

Clorose internerval das folhas mais novas, com aparência de um retículo fino, ou seja, as nervuras ficam verde-escuras, enquanto o limbo fica verde-claro; diminuição do crescimento. Com a intensificação dos sintomas, ocorre o aparecimento de manchas necróticas por todo o limbo foliar.

Folha superior: face adaxial
Teor foliar: 51 mg/kg

Folha inferior: face adaxial
Teor foliar: 110 mg/kg

Acacia polyphylla DC. (monjoleiro)

Fabaceae

Sintomas de deficiência de Ferro (Fe)

Enterolobium contortisiliquum (Vell.) Morong (orelha-de-nego)

Identificação dos sintomas

Clorose internerval das folhas mais novas, com aparência de um retículo fino, ou seja, as nervuras ficam verde-escuras, enquanto o limbo fica verde-claro; diminuição do crescimento.

Folha superior: face adaxial
Teor foliar: 72 mg/kg

Folha inferior: face adaxial
Teor foliar: 112 mg/kg

Fabaceae *Enterolobium contortisiliquum* (Vell.) Morong (orelha-de-nego)

Sintomas de deficiência de Ferro (Fe)

Hymenaea courbaril L. var. (jatobá)

Identificação dos sintomas

Clorose internerval das folhas mais novas, com aparência de um retículo fino, ou seja, as nervuras ficam verde-escuras, enquanto o limbo fica verde-claro. Com a intensificação dos sintomas, ocorre o aparecimento de manchas necróticas por todo o limbo foliar.

(jatobá)

Folha superior: face adaxial
Teor foliar: 146 mg/kg

Folha inferior: face adaxial
Teor foliar: 180 mg/kg

Hymenaea courbaril L. var.

Fabaceae

Sintomas de deficiência de Ferro (Fe)

Lonchocarpus muehlbergianus Hassl.
(embira-de-sapo)

Identificação dos sintomas

Clorose internerval das folhas mais novas, com aparência de um retículo fino, ou seja, as nervuras ficam verde-escuras, enquanto o limbo fica verde-claro; diminuição do crescimento. Com a intensificação dos sintomas, ocorre o aparecimento de manchas necróticas por todo o limbo foliar.

Folha superior: face adaxial
Teor foliar: 94 mg/kg

Folha inferior: face adaxial
Teor foliar: 134 mg/kg

Lonchocarpus muehlbergianus Hassl. (embira-de-sapo)

Fabaceae

Sintomas de deficiência de Ferro (Fe)

Aegiphila sellowiana Cham.
(tamanqueiro)

Identificação dos sintomas

Clorose internerval das folhas mais novas, com aparência de um retículo fino, ou seja, as nervuras ficam verde-escuras, enquanto o limbo fica verde-claro; diminuição do crescimento. Com a intensificação dos sintomas, ocorre o aparecimento de manchas necróticas por todo o limbo foliar.

Folha superior: face adaxial
Teor foliar: 86 mg/kg

Folha inferior: face adaxial
Teor foliar: 122 mg/kg

Aegiphila sellowiana Cham. (tamanqueiro)
Lamiaceae

Sintomas de deficiência de Ferro (Fe)

Cariniana legalis (Mart.) Kuntze (jequitibá-rosa)

Identificação dos sintomas

Clorose internerval das folhas mais novas, com aparência de um retículo fino, ou seja, as nervuras ficam verde-escuras, enquanto o limbo fica verde--claro. Com a intensificação dos sintomas, ocorre o aparecimento de manchas necróticas por todo o limbo foliar.

Cariniana legalis (Mart.) Kuntze (jequitibá-rosa)

Lecythidaceae

Folha superior: face adaxial
Teor foliar: 323 mg/kg

Folha inferior: face adaxial
Teor foliar: 321 mg/kg

Sintomas de deficiência de Ferro (Fe)

Ceiba speciosa St. Hil.
(paineira)

Identificação dos sintomas

Clorose internerval das folhas mais novas, com aparência de um retículo fino, ou seja, as nervuras ficam verde-escuras, enquanto o limbo fica verde-claro. Com a intensificação dos sintomas, ocorre o aparecimento de manchas necróticas por todo o limbo foliar.

Folha superior: face adaxial
Teor foliar: 158 mg/kg

Folha inferior: face adaxial
Teor foliar: 294 mg/kg

Ceiba speciosa St. Hil. (paineira)
Malvaceae

Sintomas de deficiência de Ferro (Fe)

Guazuma ulmifolia Lam.
(mutambo)

IDENTIFICAÇÃO DOS SINTOMAS

Clorose internerval das folhas mais novas, com aparência de um retículo fino, ou seja, as nervuras ficam verde-escuras, enquanto o limbo fica verde-claro; diminuição do crescimento. Com a intensificação dos sintomas, ocorre o aparecimento de manchas necróticas por todo o limbo foliar.

Folha superior: face adaxial
Teor foliar: 148 mg/kg

Folha inferior: face adaxial
Teor foliar: 191 mg/kg

Guazuma ulmifolia Lam. (mutambo)

Malvaceae

SINTOMAS DE DEFICIÊNCIA DE FERRO (Fe)

Esenbeckia leiocarpa Engl.
(guarantã)

IDENTIFICAÇÃO DOS SINTOMAS

Clorose internerval das folhas mais novas, com aparência de um retículo fino, ou seja, as nervuras ficam verde-escuras, enquanto o limbo fica verde-claro; diminuição do crescimento. Com a intensificação dos sintomas, ocorre o aparecimento de manchas necróticas por todo o limbo foliar.

Folha superior: face adaxial
Teor foliar: 200 mg/kg

Folha inferior: face adaxial
Teor foliar: 233 mg/kg

(guarantã)
Esenbeckia leiocarpa Engl.
Rutaceae

Sintomas de deficiência de Ferro (Fe)

Cytharexyllum myrianthum Cham. (pau-viola)

Identificação dos sintomas

Clorose internerval das folhas mais novas, com aparência de um retículo fino, ou seja, as nervuras ficam verde-escuras, enquanto o limbo fica verde-claro; diminuição do crescimento. Com a intensificação dos sintomas, ocorre o aparecimento de manchas necróticas por todo o limbo foliar.

Folha superior: face adaxial
Teor foliar: 167 mg/kg

Folha inferior: face adaxial
Teor foliar: 180 mg/kg

Sintomas de deficiência de Manganês (Mn)

Astronium graveolens Jacq.
(guaritá)

Identificação dos sintomas

As folhas mais novas apresentam clorose internerval com aparência de um retículo grosso, ou seja, as nervuras e áreas adjacentes ficam verde-escuras, enquanto o limbo fica verde-claro. Com a intensificação dos sintomas, ocorre o aparecimento de pontuações necróticas por todo o limbo foliar.

Folha superior: face adaxial
Teor foliar: 5 mg/kg

Folha inferior: face adaxial
Teor foliar: 17 mg/kg

Astronium graveolens Jacq. (guaritá)
Anacardiaceae

Sintomas de deficiência de Manganês (Mn)

Tapirira guianensis Aubl.
(tapirira)

Identificação dos sintomas

As folhas mais novas apresentam clorose internerval com aparência de um retículo grosso, ou seja, as nervuras e áreas adjacentes ficam verde-escuras, enquanto o fica limbo verde-claro. Com a intensificação dos sintomas, ocorre o aparecimento de pontuações necróticas por todo o limbo foliar.

Folha superior: face adaxial
Teor foliar: 15 mg/kg

Folha inferior: face adaxial
Teor foliar: 29 mg/kg

Sintomas de deficiência de Manganês (Mn)

Cecropia pachystachya Trec. (embaúba)

Identificação dos sintomas

As folhas mais novas apresentam clorose internerval com aparência de um retículo grosso, ou seja, as nervuras e áreas adjacentes ficam verde-escuras, enquanto o limbo fica verde-claro. Com a intensificação dos sintomas, ocorre o aparecimento de pontuações necróticas por todo o limbo foliar.

Folha superior: face adaxial
Teor foliar: 10 mg/kg

Folha inferior: face adaxial
Teor foliar: 27 mg/kg

Cecropia pachystachya Trec. (embaúba)

Cecropiaceae

Sintomas de deficiência de Manganês (Mn)

(sangra-d'água)

Croton urucurana Baill.
(sangra-d'água)

Identificação dos sintomas

As folhas mais novas apresentam clorose internerval com aparência de um retículo grosso, ou seja, as nervuras e áreas adjacentes ficam verde-escuras, enquanto o limbo fica verde-claro. Com a intensificação dos sintomas, ocorre o aparecimento de pontuações necróticas por todo o limbo foliar.

Folha superior: face adaxial
Teor foliar: 8 mg/kg

Folha inferior: face adaxial
Teor foliar: 57 mg/kg

Croton urucurana Baill.

Euphorbiaceae

Sintomas de deficiência de Manganês (Mn)

Acacia polyphylla DC. (monjoleiro)

Identificação dos sintomas

As folhas mais novas apresentam clorose internerval com aparência de um retículo grosso, ou seja, as nervuras e áreas adjacentes ficam verde-escuras, enquanto o limbo fica verde-claro. Com a intensificação dos sintomas, ocorre o aparecimento de pontuações necróticas por todo o limbo foliar.

Folha superior: face adaxial
Teor foliar: 12 mg/kg

Folha inferior: face adaxial
Teor foliar: 43 mg/kg

Acacia polyphylla DC. (monjoleiro)
Fabaceae

Resultados e Discussões

Sintomas de deficiência de Manganês (Mn)

Enterolobium contortisiliquum (Vell.) Morong
(orelha-de-nego)

Identificação dos sintomas

As folhas mais novas apresentam clorose internerval com aparência de um retículo grosso, ou seja, as nervuras e áreas adjacentes ficam verde-escuras, enquanto o limbo fica verde-claro. Com a intensificação dos sintomas, ocorre o aparecimento de pontuações necróticas por todo o limbo foliar.

Folha superior: face adaxial
Teor foliar: 8 mg/kg

Folha inferior: face adaxial
Teor foliar: 25 mg/kg

Enterolobium contortisiliquum (Vell.) Morong (orelha-de-nego)

Fabaceae

Sintomas de deficiência de Manganês (Mn)

Hymenaea courbaril L. var. (jatobá)

Identificação dos sintomas

As folhas mais novas apresentam clorose internerval com aparência de um retículo grosso, ou seja, as nervuras e áreas adjacentes ficam verde-escuras, enquanto o fica limbo verde-claro. Com a intensificação dos sintomas, ocorre o aparecimento de pontuações necróticas por todo o limbo foliar.

Folha superior: face adaxial
Teor foliar: 9 mg/kg

Folha inferior: face adaxial
Teor foliar: 89 mg/kg

Sintomas de deficiência de Manganês (Mn)

Lonchocarpus muehlbergianus Hassl.
(embira-de-sapo)

Identificação dos sintomas

As folhas mais novas apresentam clorose internerval com aparência de um retículo grosso, ou seja, as nervuras e áreas adjacentes ficam verde-escuras, enquanto o limbo fica verde-claro. Com a intensificação dos sintomas, ocorre o aparecimento de pontuações necróticas por todo o limbo foliar.

Lonchocarpus muehlbergianus Hassl. (embira-de-sapo)

Folha superior: face adaxial
Teor foliar: 7 mg/kg

Folha inferior: face adaxial
Teor foliar: 19 mg/kg

Fabaceae

Sintomas de deficiência de Manganês (Mn)

Aegiphila sellowiana Cham. (tamanqueiro)

Identificação dos sintomas

As folhas mais novas apresentam clorose internerval com aparência de um retículo grosso, ou seja, as nervuras e áreas adjacentes ficam verde-escuras, enquanto o limbo fica verde-claro. Com a intensificação dos sintomas, ocorre o aparecimento de pontuações necróticas por todo o limbo foliar.

Folha superior: face adaxial
Teor foliar: 7 mg/kg

Folha inferior: face adaxial
Teor foliar: 9 mg/kg

Aegiphila sellowiana Cham. (tamanqueiro)
Lamiaceae

Resultados e Discussões | 199

Sintomas de deficiência de Manganês (Mn)

Cariniana legalis (Mart.) Kuntze (jequitibá-rosa)

Identificação dos sintomas

As folhas mais novas apresentam clorose internerval com aparência de um retículo grosso, ou seja, as nervuras e áreas adjacentes ficam verde-escuras, enquanto o limbo fica verde-claro. Com a intensificação dos sintomas, ocorre o aparecimento de pontuações necróticas por todo o limbo foliar.

Folha superior: face adaxial
Teor foliar: 9 mg/kg

Folha inferior: face adaxial
Teor foliar: 39 mg/kg

Sintomas de deficiência de Manganês (Mn)

Ceiba speciosa St. Hil. (paineira)

Identificação dos sintomas

As folhas mais novas apresentam clorose internerval com aparência de um retículo grosso, ou seja, as nervuras e áreas adjacentes ficam verde-escuras, enquanto o limbo fica verde-claro. Com a intensificação dos sintomas, ocorre o aparecimento de pontuações necróticas por todo o limbo foliar.

Folha superior: face adaxial
Teor foliar: 9 mg/kg

Folha inferior: face adaxial
Teor foliar: 25 mg/kg

Ceiba speciosa St. Hil. (paineira)

Malvaceae

Sintomas de deficiência de Manganês (Mn)

Guazuma ulmifolia Lam. (mutambo)

Identificação dos sintomas

As folhas mais novas apresentam clorose internerval com aparência de um retículo grosso, ou seja, as nervuras e áreas adjacentes ficam verde-escuras, enquanto o limbo fica verde-claro. Com a intensificação dos sintomas, ocorre o aparecimento de pontuações necróticas por todo o limbo foliar.

Folha superior: face adaxial
Teor foliar: 9 mg/kg

Folha inferior: face adaxial
Teor foliar: 50 mg/kg

Guazuma ulmifolia Lam. (mutambo)

Malvaceae

Sintomas de deficiência de Manganês (Mn)

Esenbeckia leiocarpa Engl. (guarantã)

Identificação dos sintomas

As folhas mais novas apresentam clorose internerval com aparência de um retículo grosso, ou seja, as nervuras e áreas adjacentes ficam verde-escuras, enquanto o limbo fica verde-claro. Com a intensificação dos sintomas, ocorre o aparecimento de pontuações necróticas por todo o limbo foliar.

Folha superior: face adaxial
Teor foliar: 10 mg/kg

Folha inferior: face adaxial
Teor foliar: 34 mg/kg

Esenbeckia leiocarpa Engl. (guarantã)

Rutaceae

Sintomas de deficiência de Manganês (Mn)

Cytharexyllum myrianthum Cham. (pau-viola)

IDENTIFICAÇÃO DOS SINTOMAS

As folhas mais novas apresentam clorose internerval com aparência de um retículo grosso, ou seja, as nervuras e áreas adjacentes ficam verde-escuras, enquanto o limbo fica verde-claro. Com a intensificação dos sintomas, ocorre o aparecimento de pontuações necróticas por todo o limbo foliar.

Folha superior: face adaxial
Teor foliar: 14 mg/kg

Folha inferior: face adaxial
Teor foliar: 24 mg/kg

Cytharexyllum myrianthum Cham. (pau-viola)

Verbenaceae

Sintomas de deficiência de Molibdênio (Mo)

Astronium graveolens Jacq.
(guaritá)

Identificação dos sintomas

Clorose internerval (manchas amarelo-esverdeadas) em folhas mais velhas, seguida de necrose; murchamento das margens e encurvamento do limbo para baixo.

Folha superior: face adaxial
Teor foliar: 0,17 mg/kg

Folha inferior: face adaxial
Teor foliar: 0,40 mg/kg

Astronium graveolens Jacq. (guaritá)

Anacardiaceae

Sintomas de deficiência de Molibdênio (Mo)

Tapirira guianensis Aubl.
(tapirira)

Identificação dos sintomas

Clorose internerval (manchas amarelo-esverdeadas) em folhas mais velhas, seguida de necrose; murchamento das margens e encurvamento do limbo para baixo.

Folha superior: face adaxial
Teor foliar: 0,07 mg/kg

Folha inferior: face adaxial
Teor foliar: 0,10 mg/kg

Sintomas de deficiência de Molibdênio (Mo)

Cecropia pachystachya Trec. (embaúba)

Identificação dos sintomas
Clorose internerval (manchas amarelo-esverdeadas) em folhas mais velhas, seguida de necrose; murchamento das margens e encurvamento do limbo para baixo.

Folha superior: face adaxial
Teor foliar: 0,36 mg/kg

Folha inferior: face adaxial
Teor foliar: 0,32 mg/kg

Cecropia pachystachya Trec. (embaúba)
Cecropiaceae

Sintomas de deficiência de Molibdênio (Mo)

Croton urucurana Baill. (sangra-d'água)

Identificação dos sintomas
Clorose internerval (manchas amarelo-esverdeadas) em folhas mais velhas, seguida de necrose; murchamento das margens e encurvamento do limbo para baixo.

Croton urucurana Baill. (sangra-d'água)

Euphorbiaceae

Folha superior: face adaxial
Teor foliar: 0,21 mg/kg

Folha inferior: face adaxial
Teor foliar: 0,25 mg/kg

Sintomas de deficiência de Molibdênio (Mo)

Acacia polyphylla DC. (monjoleiro)

Identificação dos sintomas
Clorose internerval (manchas amarelo-esverdeadas) em folhas mais velhas, seguida de necrose; murchamento das margens e encurvamento do limbo para baixo.

Folha superior: face adaxial
Teor foliar: 0,09 mg/kg

Folha inferior: face adaxial
Teor foliar: 0,05 mg/kg

Acacia polyphylla DC. (monjoleiro)

Fabaceae

Sintomas de deficiência de Molibdênio (Mo)

Enterolobium contortisiliquum (Vell.) Morong
(orelha-de-nego)

Identificação dos sintomas
Clorose internerval (manchas amarelo-esverdeadas) em folhas mais velhas, seguida de necrose; murchamento das margens e encurvamento do limbo para baixo.

Folha superior: face adaxial
Teor foliar: 0,13 mg/kg

Folha inferior: face adaxial
Teor foliar: 0,12 mg/kg

Enterolobium contortisiliquum (Vell.) Morong (orelha-de-nego)

Fabaceae

Sintomas de deficiência de Molibdênio (Mo)

Hymenaea courbaril L. var. (jatobá)

Identificação dos sintomas
Clorose internerval (manchas amarelo-esverdeadas) em folhas mais velhas, seguida de necrose; murchamento das margens e encurvamento do limbo para baixo.

Folha superior: face adaxial
Teor foliar: 0,08 mg/kg

Folha inferior: face adaxial
Teor foliar: 0,10 mg/kg

Hymenaea courbaril L. var. (jatobá)

Fabaceae

Sintomas de deficiência de Molibdênio (Mo)

Lonchocarpus muehlbergianus Hassl. (embira-de-sapo)

Identificação dos sintomas

Clorose internerval (manchas amarelo-esverdeadas) em folhas mais velhas, seguida de necrose; murchamento das margens e encurvamento do limbo para baixo.

Folha superior: face adaxial
Teor foliar: 0,61 mg/kg

Folha inferior: face adaxial
Teor foliar: 0,29 mg/kg

Lonchocarpus muehlbergianus Hassl. (embira-de-sapo)

Fabaceae

Sintomas de deficiência de Molibdênio (Mo)

Aegiphila sellowiana Cham. (tamanqueiro)

Identificação dos sintomas

Clorose internerval (manchas amarelo-esverdeadas) em folhas mais velhas, seguida de necrose; murchamento das margens e encurvamento do limbo para baixo.

Folha superior: face adaxial
Teor foliar: 0,39 mg/kg

Folha inferior: face adaxial
Teor foliar: 0,67 mg/kg

Aegiphila sellowiana Cham. (tamanqueiro)
Lamiaceae

Resultados e Discussões | 213

Sintomas de deficiência de Molibdênio (Mo)

Cariniana legalis (Mart.) Kuntze (jequitibá-rosa)

Identificação dos sintomas

Clorose internerval (manchas amarelo-esverdeadas) em folhas mais velhas, seguida de necrose; murchamento das margens e encurvamento do limbo para baixo.

Cariniana legalis (Mart.) Kuntze (jequitibá-rosa)

Lecythidaceae

Folha superior: face adaxial
Teor foliar: 0,10 mg/kg

Folha inferior: face adaxial
Teor foliar: 0,11 mg/kg

Sintomas de deficiência de Molibdênio (Mo)

Ceiba speciosa St. Hil.
(paineira)

Identificação dos sintomas

Clorose internerval (manchas amarelo-esverdeadas) em folhas mais velhas, seguida de necrose; murchamento das margens e encurvamento do limbo para baixo.

Folha superior: face adaxial
Teor foliar: 0,13 mg/kg

Folha inferior: face adaxial
Teor foliar: 0,14 mg/kg

Ceiba speciosa St. Hil. (paineira)

Malvaceae

Sintomas de deficiência de Molibdênio (Mo)

Guazuma ulmifolia Lam. (mutambo)

Identificação dos sintomas

Clorose internerval (manchas amarelo-esverdeadas) em folhas mais velhas, seguida de necrose; murchamento das margens e encurvamento do limbo para baixo.

Folha superior: face adaxial
Teor foliar: 0,11 mg/kg

Folha inferior: face adaxial
Teor foliar: 0,10 mg/kg

Guazuma ulmifolia Lam. (mutambo)

Malvaceae

Sintomas de deficiência de Molibdênio (Mo)

Esenbeckia leiocarpa Engl. (guarantã)

Identificação dos sintomas
Clorose internerval (manchas amarelo-esverdeadas) em folhas mais velhas, seguida de necrose; murchamento das margens e encurvamento do limbo para baixo.

Folha superior: face adaxial
Teor foliar: 0,10 mg/kg

Folha inferior: face adaxial
Teor foliar: 0,09 mg/kg

Esenbeckia leiocarpa Engl. (guarantã)

Rutaceae

Sintomas de deficiência de Molibdênio (Mo)

Cytharexyllum myrianthum Cham. (pau-viola)

Identificação dos sintomas

Clorose internerval (manchas amarelo-esverdeadas) em folhas mais velhas, seguida de necrose; murchamento das margens e encurvamento do limbo para baixo.

Folha superior: face adaxial
Teor foliar: 0,11 mg/kg

Folha inferior: face adaxial
Teor foliar: 0,13 mg/kg

Cytharexyllum myrianthum Cham. (pau-viola)

Verbenaceae

SINTOMAS DE DEFICIÊNCIA DE ZINCO (Zn)

Astronium graveolens Jacq. (guaritá)

IDENTIFICAÇÃO DOS SINTOMAS

Clorose internerval das folhas mais novas, as quais se apresentam pequenas, estreitas e alongadas; internódios curtos que formam rosetas de folhas no ápice dos ramos, acarretando uma redução no crescimento em altura (plantas anãs).

Folha superior: face adaxial
Teor foliar: 9 mg/kg

Folha inferior: face adaxial
Teor foliar: 15 mg/kg

Astronium graveolens Jacq. (guaritá)
Anacardiaceae

Sintomas de deficiência de Zinco (Zn)

Tapirira guianensis Aubl.
(tapirira)

Identificação dos sintomas

Clorose internerval das folhas mais novas, as quais se apresentam pequenas, estreitas e alongadas; internódios curtos que formam rosetas de folhas no ápice dos ramos, acarretando uma redução no crescimento em altura (plantas anãs). Com a intensificação dos sintomas, ocorre o aparecimento de manchas necróticas por todo o limbo foliar.

Folha superior: face adaxial
Teor foliar: 9 mg/kg

Folha inferior: face adaxial
Teor foliar: 14 mg/kg

Tapirira guianensis Aubl.
(tapirira)
Anacardiaceae

Sintomas de deficiência de Zinco (Zn)

Cecropia pachystachya Trec. (embaúba)

Identificação dos sintomas

Clorose internerval das folhas mais novas, as quais se apresentam pequenas, estreitas e alongadas; internódios curtos que formam rosetas de folhas no ápice dos ramos, acarretando uma redução no crescimento em altura (plantas anãs). Com a intensificação dos sintomas, ocorre o aparecimento de manchas necróticas por todo o limbo foliar.

Folha superior: face adaxial
Teor foliar: 14 mg/kg

Folha inferior: face adaxial
Teor foliar: 17 mg/kg

Sintomas de deficiência de Zinco (Zn)

Croton urucurana Baill.
(sangra-d'água)

Identificação dos sintomas

Clorose internerval das folhas mais novas, as quais se apresentam pequenas, estreitas e alongadas; internódios curtos que formam rosetas de folhas no ápice dos ramos, acarretando uma redução no crescimento em altura (plantas anãs). Com a intensificação dos sintomas, ocorre o aparecimento de manchas necróticas por todo o limbo foliar.

Folha superior: face adaxial
Teor foliar: 13 mg/kg

Folha inferior: face adaxial
Teor foliar: 15 mg/kg

Croton urucurana Baill. (sangra-d'água)

Euphorbiaceae

Sintomas de deficiência de Zinco (Zn)

Acacia polyphylla DC. (monjoleiro)

Identificação dos sintomas

Clorose internerval das folhas mais novas, as quais se apresentam pequenas, estreitas e alongadas; internódios curtos que formam rosetas de folhas no ápice dos ramos, acarretando uma redução no crescimento em altura (plantas anãs).

Folha superior: face adaxial
Teor foliar: 10 mg/kg

Folha inferior: face adaxial
Teor foliar: 15 mg/kg

Acacia polyphylla DC. (monjoleiro)
Fabaceae

Sintomas de deficiência de Zinco (Zn)

Enterolobium contortisiliquum (Vell.) Morong
(orelha-de-nego)

Identificação dos sintomas

Clorose internerval das folhas mais novas, as quais se apresentam pequenas, estreitas e alongadas; internódios curtos que formam rosetas de folhas no ápice dos ramos, acarretando uma redução no crescimento em altura (plantas anãs).

Folha superior: face adaxial
Teor foliar: 12 mg/kg

Folha inferior: face adaxial
Teor foliar: 12 mg/kg

Sintomas de deficiência de Zinco (Zn)

Hymenaea courbaril L. var. (jatobá)

Identificação dos sintomas

Clorose internerval das folhas mais novas, as quais se apresentam pequenas, estreitas e alongadas; internódios curtos que formam rosetas de folhas no ápice dos ramos, acarretando uma redução no crescimento em altura (plantas anãs). Com a intensificação dos sintomas, ocorre o aparecimento de manchas necróticas por todo o limbo foliar.

Folha superior: face adaxial
Teor foliar: 16 mg/kg

Folha inferior: face adaxial
Teor foliar: 22 mg/kg

Hymenaea courbaril L. var. (jatobá)

Fabaceae

Sintomas de deficiência de Zinco (Zn)

Lonchocarpus muehlbergianus Hassl. (embira-de-sapo)

Identificação dos sintomas

Clorose internerval das folhas mais novas, as quais se apresentam pequenas, estreitas e alongadas; internódios curtos que formam rosetas de folhas no ápice dos ramos, acarretando uma redução no crescimento em altura (plantas anãs).

Lonchocarpus muehlbergianus Hassl. (embira-de-sapo)

Folha superior: face adaxial
Teor foliar: 15 mg/kg

Folha inferior: face adaxial
Teor foliar: 18 mg/kg

Fabaceae

Sintomas de deficiência de Zinco (Zn)

Aegiphila sellowiana Cham. (tamanqueiro)

Identificação dos sintomas

Clorose internerval das folhas mais novas, as quais se apresentam pequenas, estreitas e alongadas; internódios curtos que formam rosetas de folhas no ápice dos ramos, acarretando uma redução no crescimento em altura (plantas anãs). Com a intensificação dos sintomas, ocorre o aparecimento de manchas necróticas por todo o limbo foliar.

Folha superior: face adaxial
Teor foliar: 10 mg/kg

Folha inferior: face adaxial
Teor foliar: 12 mg/kg

Aegiphila sellowiana Cham. (tamanqueiro)

Lamiaceae

Sintomas de deficiência de Zinco (Zn)

Cariniana legalis (Mart.) Kuntze (jequitibá-rosa)

Identificação dos sintomas

Clorose internerval das folhas mais novas, as quais se apresentam pequenas, estreitas e alongadas; internódios curtos que formam rosetas de folhas no ápice dos ramos, acarretando uma redução no crescimento em altura (plantas anãs).

Folha superior: face adaxial
Teor foliar: 14 mg/kg

Folha inferior: face adaxial
Teor foliar: 19 mg/kg

Cariniana legalis (Mart.) Kuntze (jequitibá-rosa)
Lecythidaceae

Sintomas de deficiência de Zinco (Zn)

Ceiba speciosa St. Hil. (paineira)

Identificação dos sintomas

Clorose internerval das folhas mais novas, as quais se apresentam pequenas, estreitas e alongadas; internódios curtos que formam rosetas de folhas no ápice dos ramos, acarretando uma redução no crescimento em altura (plantas anãs). Com a intensificação dos sintomas, ocorre o aparecimento de manchas necróticas por todo o limbo foliar.

Folha superior: face adaxial
Teor foliar: 15 mg/kg

Folha inferior: face adaxial
Teor foliar: 18 mg/kg

(paineira)

Ceiba speciosa St. Hil.

Malvaceae

Sintomas de deficiência de Zinco (Zn)

Guazuma ulmifolia Lam.
(mutambo)

Identificação dos sintomas

Clorose internerval das folhas mais novas, as quais se apresentam pequenas, estreitas e alongadas; internódios curtos que formam rosetas de folhas no ápice dos ramos, acarretando uma redução no crescimento em altura (plantas anãs).

Folha superior: face adaxial
Teor foliar: 25 mg/kg

Folha inferior: face adaxial
Teor foliar: 12 mg/kg

Guazuma ulmifolia Lam. (mutambo)
Malvaceae

Sintomas de deficiência de Zinco (Zn)

Esenbeckia leiocarpa Engl.
(guarantã)

Identificação dos sintomas

Clorose internerval das folhas mais novas, as quais se apresentam pequenas, estreitas e alongadas; internódios curtos que formam rosetas de folhas no ápice dos ramos, acarretando uma redução no crescimento em altura (plantas anãs). Com a intensificação dos sintomas, ocorre o aparecimento de manchas necróticas por todo o limbo foliar.

Folha superior: face adaxial
Teor foliar: 15 mg/kg

Folha inferior: face adaxial
Teor foliar: 16 mg/kg

SINTOMAS DE DEFICIÊNCIA DE ZINCO (Zn)

Cytharexyllum myrianthum Cham. (pau-viola)

IDENTIFICAÇÃO DOS SINTOMAS

Clorose internerval das folhas mais novas, as quais se apresentam pequenas, estreitas e alongadas; internódios curtos que formam rosetas de folhas no ápice dos ramos, acarretando uma redução no crescimento em altura (plantas anãs).

Folha superior: face adaxial
Teor foliar: 15 mg/kg

Folha inferior: face adaxial
Teor foliar: 21 mg/kg

Cytharexyllum myrianthum Cham. (pau-viola)
Verbenaceae

3.2 Microscopia eletrônica aplicada à nutrição florestal

Maria Claudia Mendes Sorreano | Mônica Lanzoni Rossi
Milton Ferreira Moraes | Neusa de Lima Nogueira | Cleusa Pereira Cabral

O emprego da microscopia eletrônica está intimamente associado ao progresso alcançado pela Biologia. Nos últimos 100 anos, seu uso tem sido bastante difundido no estudo de materiais biológicos. O microscópio eletrônico de transmissão (MET) é usado para obter imagens de estruturas internas pela emissão de elétrons através de seções ultrafinas de tecidos incluídos em resina epóxica, permitindo a definição de imagens intracelulares e a compreensão da organização dos tecidos vegetais e suas características. Estudos da morfologia celular e de aspectos gerais das organelas podem ser utilizados para avaliar a influência dos nutrientes no crescimento e desenvolvimento dos vegetais.

O suprimento inadequado de um nutriente resulta em distúrbios nutricionais que se manifestam por sintomas de deficiência característicos (Taiz; Zeiger, 2004), que podem aparecer em folhas, ramos, caules ou frutos.

O motivo pelo qual o sintoma é típico do nutriente deve-se ao fato de este sempre exercer as mesmas funções, ou seja, um nutriente mineral pode funcionar como constituinte de uma estrutura orgânica, como um ativador de reações enzimáticas ou como transportador de cargas e osmorregulador, qualquer que seja a espécie vegetal (Marschner, 1995). Entretanto, deve-se ter em mente que, antes da manifestação visível da deficiência, o crescimento e a produção já poderão estar limitados; é o que se chama de "fome escondida". Os sintomas visíveis de excesso ou de deficiência nutricional são o fim de uma série de eventos, que têm início com alterações em nível molecular (expressão de genes), agravam-se para modificações subcelulares, intensificam-se com alterações celulares e atingem o tecido, modificando-o e ocasionando a expressão de sintomas visíveis, conforme ilustrado na Fig. 3.1.

3.2.1 Obtenção de imagens de ultraestrutura do mesófilo foliar

Para avaliação ultraestrutural comparativa de células do mesófilo foliar, foram coletadas amostras do limbo de folhas com sintomas de deficiência de macro e micronutrientes, bem como amostras de folhas sadias no tratamento completo. Foram levadas em consideração as folhas que melhor refletiram o estado nutricional, ou seja, folhas inferiores para os tratamentos completos e deficientes em N, P, K, Mg e Mo; e folhas superiores para os tratamentos completos e deficientes em Ca, S, B, Cu, Fe, Mn e Zn (Sorreano, 2006). As amostras foram processadas segundo técnicas de microscopia eletrônica de transmissão (Sorreano, 2006), sendo os resultados discutidos conforme os tratamentos de omissão de macro e micronutrientes.

Nitrogênio (N)

As plantas deficientes em N apresentaram alterações nos cloroplastos, com desorganização das pilhas de tilacoides (*granum*), em razão do aumento dos grânulos de amido e glóbulos de lipídios (Fig. 3.2).

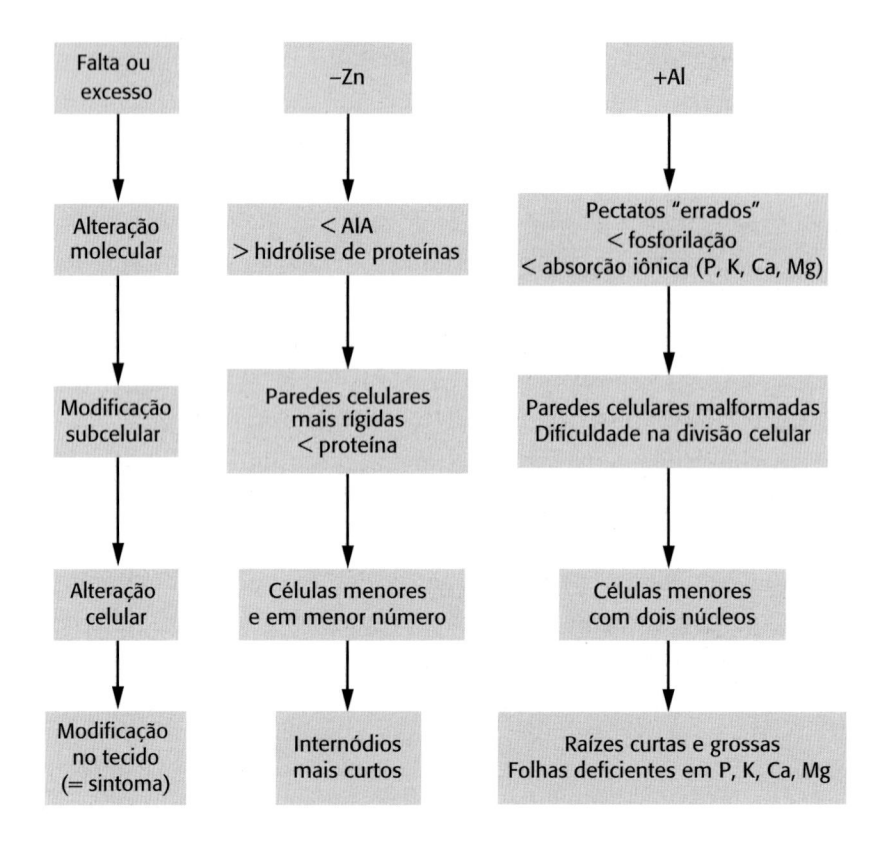

Falta ou excesso	−Zn	+Al
Alteração molecular	< AIA > hidrólise de proteínas	Pectatos "errados" < fosforilação < absorção iônica (P, K, Ca, Mg)
Modificação subcelular	Paredes celulares mais rígidas < proteína	Paredes celulares malformadas Dificuldade na divisão celular
Alteração celular	Células menores e em menor número	Células menores com dois núcleos
Modificação no tecido (= sintoma)	Internódios mais curtos	Raízes curtas e grossas Folhas deficientes em P, K, Ca, Mg

FIG. 3.1 Sequência de eventos moleculares e metabólicos que ocasionam a expressão dos sintomas de deficiência nutricional e excesso
Fonte: Malavolta (2006).

Resultados semelhantes foram encontrados por Malavolta et al. (2004), que estudaram mudas de algodoeiro, no qual também observaram aumento dos grânulos de amido e glóbulos de lipídios. Os autores atribuíram o acúmulo de amido e de lipídios à falta de compostos nitrogenados para combinar com os carboidratos, levando à produção de aminoácidos e proteínas. Os compostos de carbono em excesso pela falta de N podem ser desviados para a formação de amido e lipídios.

Com relação ao aumento dos grânulos de amido, Hall et al. (1972) observaram deformações nos cloroplastos de folhas de milho deficientes em N.

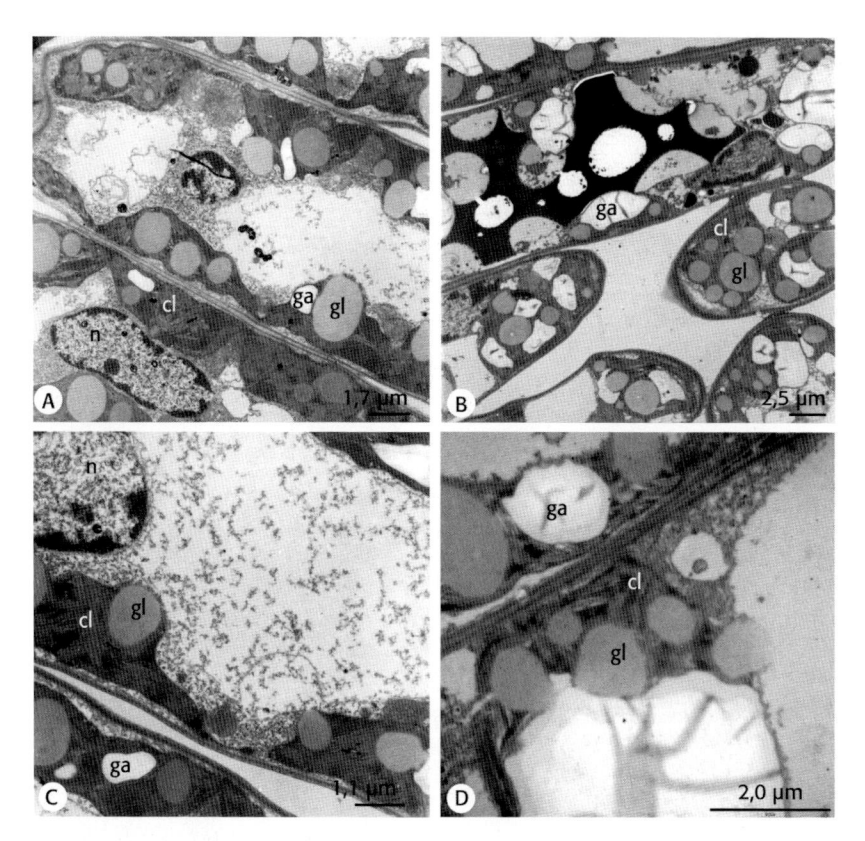

FIG. 3.2 Eletrofotomicrografias de *Ceiba speciosa* (paineira). Aspecto geral da célula do tecido foliar: tratamento completo (A) e com omissão de nitrogênio (B); parte da célula: tratamento completo (C) e com omissão de nitrogênio (D); n-núcleo; cl-cloroplastos; ga-grânulos de amido; gl-glóbulos de lipídios

Fonte: Sorreano (2006).

No entanto, Hamzah e Gómez (1979), além de constatarem, em plantas de seringueira, o aumento de grânulos de amido no interior dos cloroplastos e a desorganização das pilhas de tilacoides, verificaram também o menor tamanho dessa organela em plantas deficientes em N.

Fósforo (P)

As plantas deficientes em P apresentaram diminuição no tamanho dos cloroplastos, com desorganização das pilhas de tilacoides (*granum*). Houve acúmulo de lipídios nos cloroplastos, porém o mesmo não ocorreu com grânulos de amido, cuja abundância foi maior (Fig. 3.3). O P é componente estrutural dos fosfolipídios, ácidos nucleicos, nucleotídios, coenzimas e fosfoproteínas. Sua deficiência acarretará falta

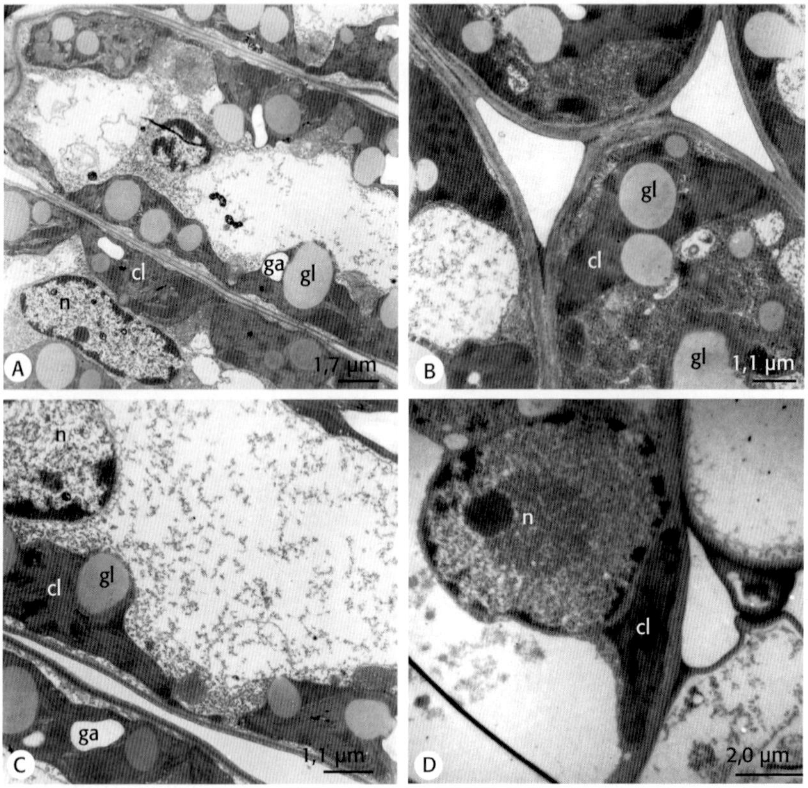

FIG. 3.3 Eletrofotomicrografias de *Ceiba speciosa* (paineira). Aspecto geral da célula do tecido foliar: tratamento completo (A) e com omissão de fósforo (B); parte da célula: tratamento completo (C) e com omissão de fósforo (D); n-núcleo; cl-cloroplastos; ga-grânulos de amido; gl-glóbulos de lipídios
Fonte: Sorreano (2006).

de energia (ATP) para manutenção dos processos fotossintéticos, o que explica as desorganizações observadas nos cloroplastos e a ausência de grânulos de amidos (Kirkby, 2005; Sanchez, 2006).

Resultados semelhantes foram observados por Hall et al. (1972) em cloroplastos de folhas de milho deficientes em P, em que foi notada a desorganização das pilhas de tilacoides. Os discos de *grana* dos cloroplastos se mostraram mais longos que os de plantas normais, mas os autores não observaram acúmulo de amido nessas organelas.

Potássio (K)

As plantas deficientes em K apresentaram aumento no tamanho dos cloroplastos, com desorganização das pilhas de tilacoides, bem como ausência de grânulos de amido (Fig. 3.4).

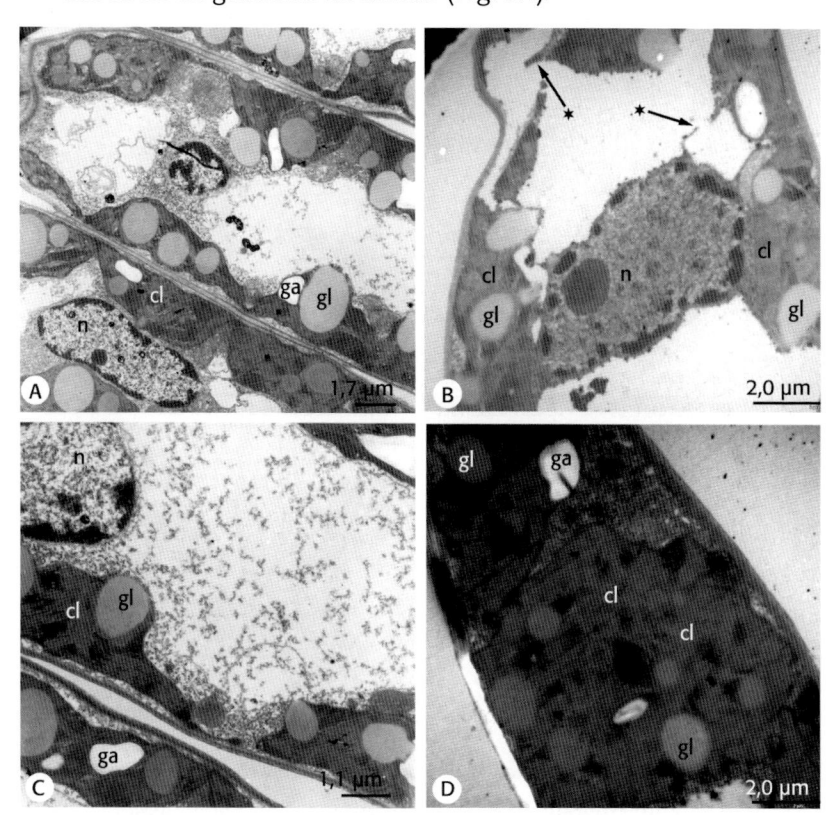

FIG. 3.4 Eletrofotomicrografias de *Ceiba speciosa* (paineira). Aspecto geral da célula do tecido foliar: tratamento completo (A) e com omissão de potássio (B); parte da célula: tratamento completo (C) e com omissão de potássio (D); n-núcleo; cl-cloroplastos; ga-grânulos de amido; gl-glóbulos de lipídios

Fonte: Sorreano (2006).

Verificou-se também rompimento na membrana dos vacúolos, provavelmente por um distúrbio na regulação do potencial osmótico, em razão da deficiência de K (Epstein; Bloom, 2005).

Essas alterações ultraestruturais decorrentes da deficiência de K foram semelhantes às descritas por Hamzah e Gómez (1979) em folhas de seringueira, em que foram notados maior número e maior tamanho de cloroplastos, com ausência de grânulos de amido, bem como menor volume do citoplasma.

Cálcio (Ca)

As plantas deficientes em Ca apresentaram cloroplastos dilatados e sua membrana rompida. Houve maior acúmulo de grânulos de amido e menor número de glóbulos de lipídios. A desestruturação da

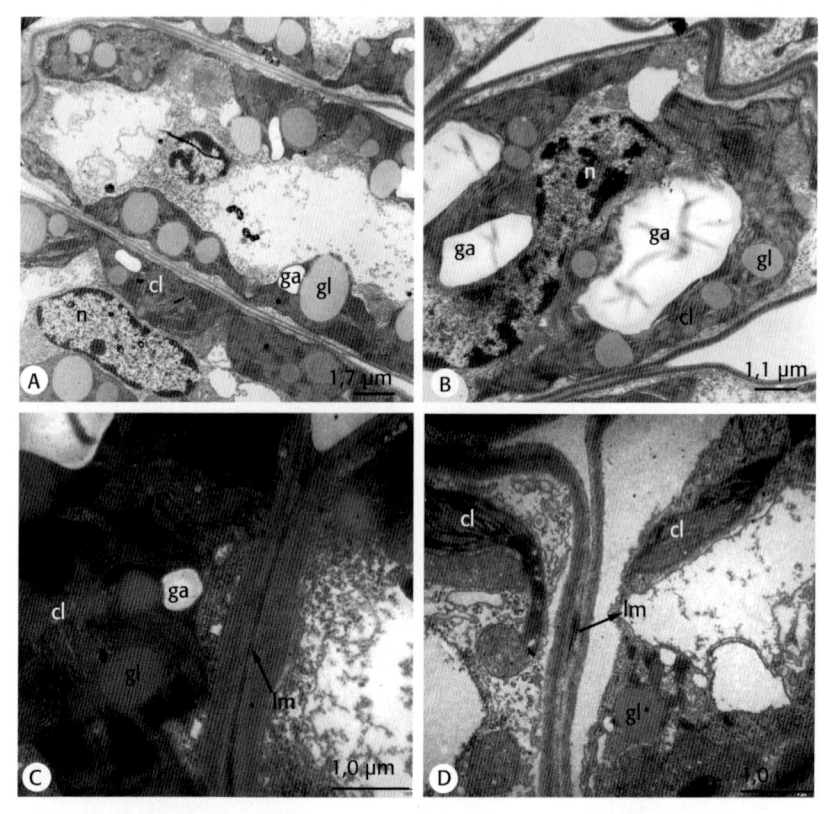

FIG. 3.5 Eletrofotomicrografias de *Ceiba speciosa* (paineira). Aspecto geral da célula do tecido foliar: tratamento completo (A) e com omissão de cálcio (B); parte da célula: tratamento completo (C) e com omissão de cálcio (D); n-núcleo; cl-cloroplastos; ga-grânulos de amido; gl-glóbulos de lipídios; lm-lamela média

Fonte: Sorreano (2006).

lamela média (Fig. 3.5) está relacionada à função desse nutriente na formação de pectatos de Ca na fração da parede celular e na lamela média (Taiz; Zeiger, 2004)

Resultados semelhantes foram observados por Hall et al. (1972) em folhas de milho e por Hamzah e Gómez (1979) em folhas de seringueira, em que os cloroplastos de plantas deficientes em Ca mostraram-se dilatados e com a membrana rompida, com a ocorrência de maior acúmulo de grânulos de amido nessa organela.

Magnésio (Mg)

As plantas deficientes em Mg apresentaram alterações nos cloroplastos, com rompimento da membrana e acentuada desorganização dos tilacoides (Fig. 3.6).

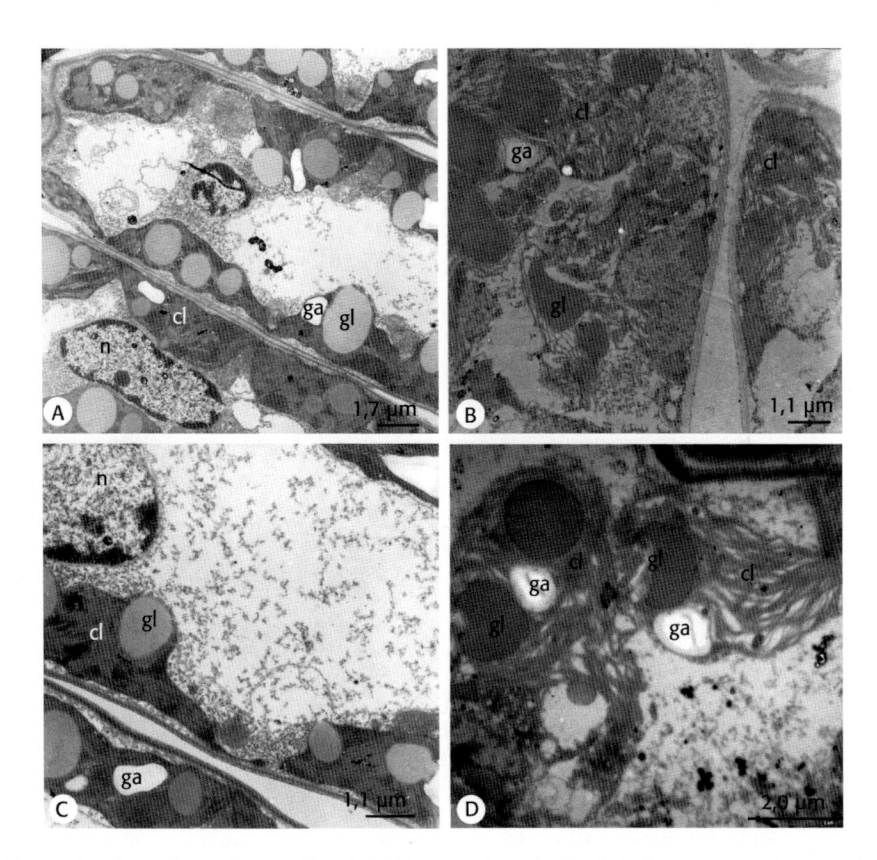

FIG. 3.6 Eletrofotomicrografias de *Ceiba speciosa* (paineira). Aspecto geral da célula do tecido foliar: tratamento completo (A) e com omissão de magnésio (B); parte da célula: tratamento completo (C) e com omissão de magnésio (D); n-núcleo; cl-cloroplastos; ga-grânulos de amido; gl-glóbulos de lipídios

Fonte: Sorreano (2006).

Segundo Mengel e Kirkby (2001), a deficiência de Mg apresenta deformação de estrutura lamelar, afetando a estabilidade dos tilacoides.
Os efeitos da deficiência de Mg em nível ultraestrutural foram observados por Hall et al. (1972) em folhas de milho e por Hamzah e Gómez (1979) em folhas de seringueira, nas quais os cloroplastos apresentaram acentuada desorganização dos tilacoides, com o rompimento da membrana, semelhantemente ao ocorrido neste trabalho.

Enxofre (S)

As plantas deficientes em S apresentaram maior número de grânulos de amido e menor número de lipídios nos cloroplastos, em comparação ao tratamento completo (Fig. 3.7).

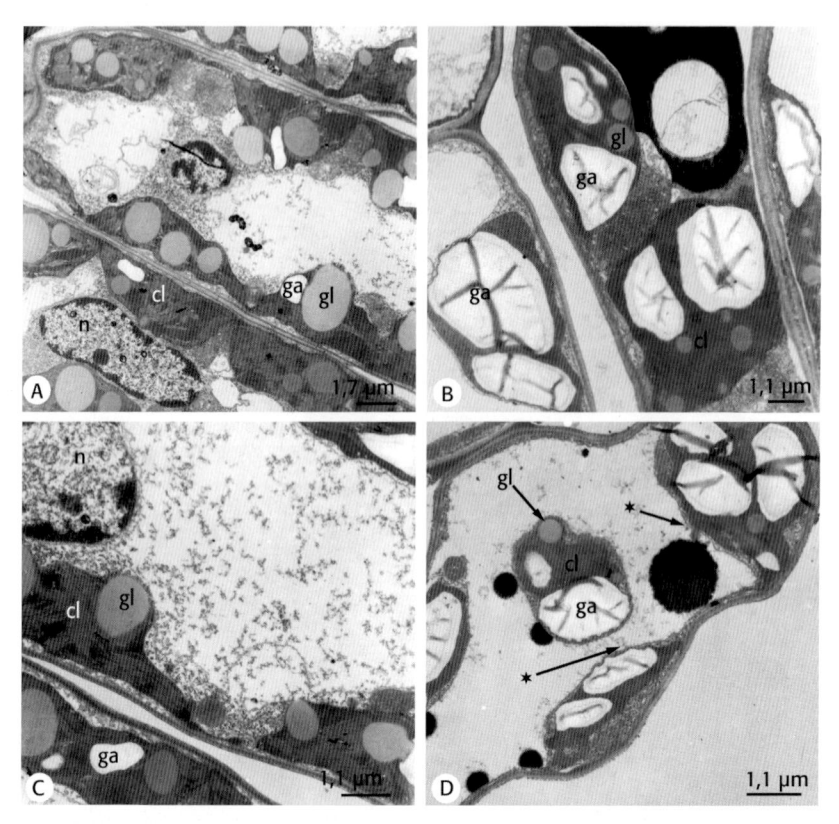

FIG. 3.7 Eletrofotomicrografias de *Ceiba speciosa* (paineira). Aspecto geral da célula do tecido foliar: tratamento completo (A) e com omissão de enxofre (B); parte da célula: tratamento completo (C) e com omissão de enxofre (D); n-núcleo; cl-cloroplastos; ga-grânulos de amido; gl-glóbulos de lipídios; *-projeções do conteúdo do cloroplasto

Fonte: Sorreano (2006).

As desorganizações dos cloroplastos pela da falta de S iniciam-se com a redução da síntese de proteínas contendo aminoácidos sulforosos, o que leva ao acúmulo de grânulos de amido (Haneklaus et al., 2006; Malavolta, 2006; Malavolta; Moraes, 2007), uma vez que os compostos de carbono não estão sendo metabolizados.

Observou-se também a formação de projeções do conteúdo do cloroplasto, além da forma irregular destes. Segundo Hall et al. (1972), esse fenômeno é típico da deficiência de S. O menor número de glóbulos de lipídios também foi observado por Barr et al. (1972) em folhas de milho com deficiência de S.

Boro (B)

As plantas deficientes em B apresentaram maior espessamento da lamela média e alterações na parede celular. Os cloroplastos apresentaram-se menores e com número reduzido de grânulos de amido (Fig. 3.8).

Vários trabalhos (como Kouchi e Kumazawa, 1976; Ishii e Matsunaga, 1996; Kobayashi, Matoh e Azuma, 1996 e O'Neill et al., 1996) têm mostrado que a função fisiológica do B é a estabilização da parede celular e da lamela média, por meio da formação de ligações pécticas entre dois complexos chamados de Rhamnogalacturonan-II.

Segundo trabalhos de Brown e Hu (1997) e Matoh (1997), quando se trata de deficiência de B, ocorrem maior espessamento da parede celular e alterações na lamela média, cuja natureza é péctica.

Cobre (Cu)

As plantas deficientes em Cu apresentaram alterações nos cloroplastos, com desorganização das pilhas de tilacoides e menor número de grânulos de amido (Fig. 3.9).

O Cu é componente da enzima plastocianina, envolvida no transporte eletrônico do fotossistema II, razão pela qual sua deficiência provoca redução da fotossíntese e alterações nos cloroplastos, por causa da redução da atividade da enzima superóxido dismutase, que evita danos celulares provocados por radicais superóxidos (Malavolta, 2006).

Ferro (Fe)

As plantas deficientes em Fe apresentaram cloroplastos menores, com

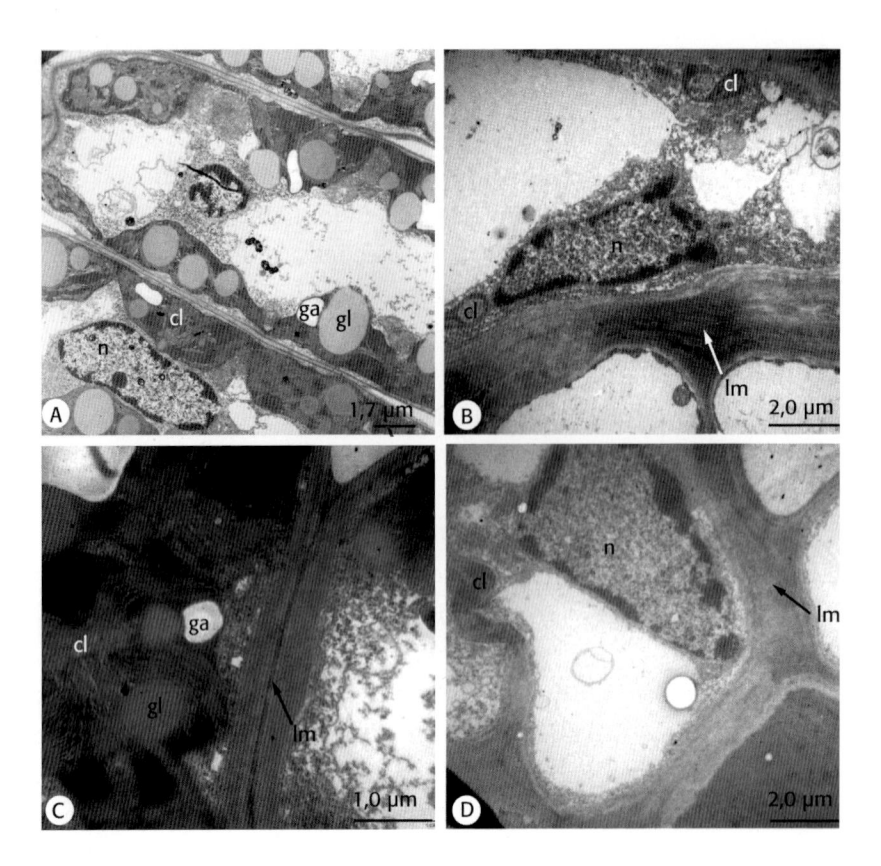

FIG. 3.8 Eletrofotomicrografias de *Ceiba speciosa* (paineira). Aspecto geral da célula do tecido foliar: tratamento completo (A) e com omissão de boro (B); parte da célula: tratamento completo (C) e com omissão de boro (D); n-núcleo; cl-cloroplastos; ga-grânulos de amido; gl-glóbulos de lipídios; lm-lamela média

Fonte: Sorreano (2006).

desorganização das pilhas tilacoides (*granum*) e número reduzido de grânulos de amido (Fig. 3.10).

O alto requerimento de Fe para manter a integridade funcional e estrutural da membrana do tilacoide, e o adicional requerimento desse elemento para a ferredoxina e na biossíntese de clorofila explicam a alta sensibilidade dos cloroplastos e dos tilacoides à deficiência de Fe (Marschner, 1995).

Resultados semelhantes foram observados por Laulhere e Mache (1978) em folhas de feijão e por Bogorad et al. (1959) em folhas de *Xanthium*, cujos cloroplastos de plantas deficientes em Fe mostraram-se pequenos, com alterações na estrutura lamelar dessa organela.

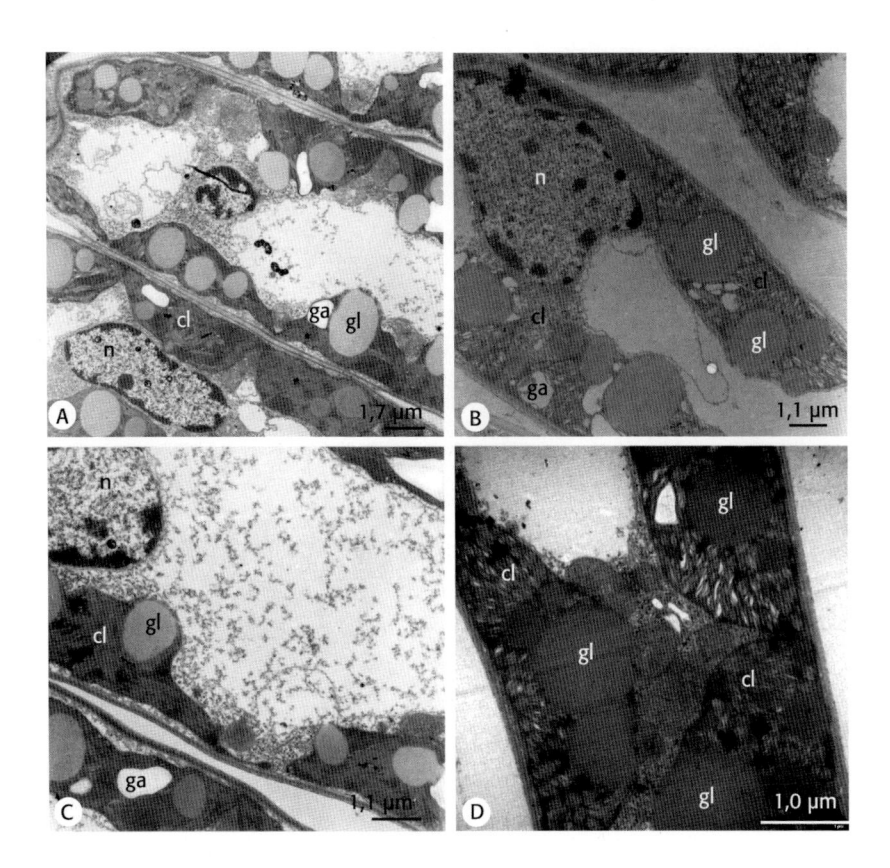

FIG. 3.9 Eletrofotomicrografias de *Ceiba speciosa* (paineira). Aspecto geral da célula do tecido foliar: tratamento completo (A) e com omissão de cobre (B); parte da célula: tratamento completo (C) e com omissão de cobre (D); n-núcleo; cl-cloroplastos; ga-grânulos de amido; gl-glóbulos de lipídios

Fonte: Sorreano (2006).

Manganês (Mn)

As plantas deficientes em Mn apresentaram alterações nos cloroplastos com desorganização das pilhas de tilacoides (*granum*) e ausência das lamelas estromais (Fig. 3.11).

Possingham, Vesk e Mercer (1964), estudando a deficiência de Mn em folhas de espinafre, observaram diferenças nos cloroplastos, e as demais organelas mostraram-se inalteradas. Em um estágio mais severo de deficiência, os autores observaram, ainda, aumento do tamanho das *grana*, com ausência das lamelas estromais.

Conforme Kabata-Pendias (2001) e Mengel e Kirkby (2001), os cloroplastos (locais onde ocorre o processo fotossintético) são as organelas

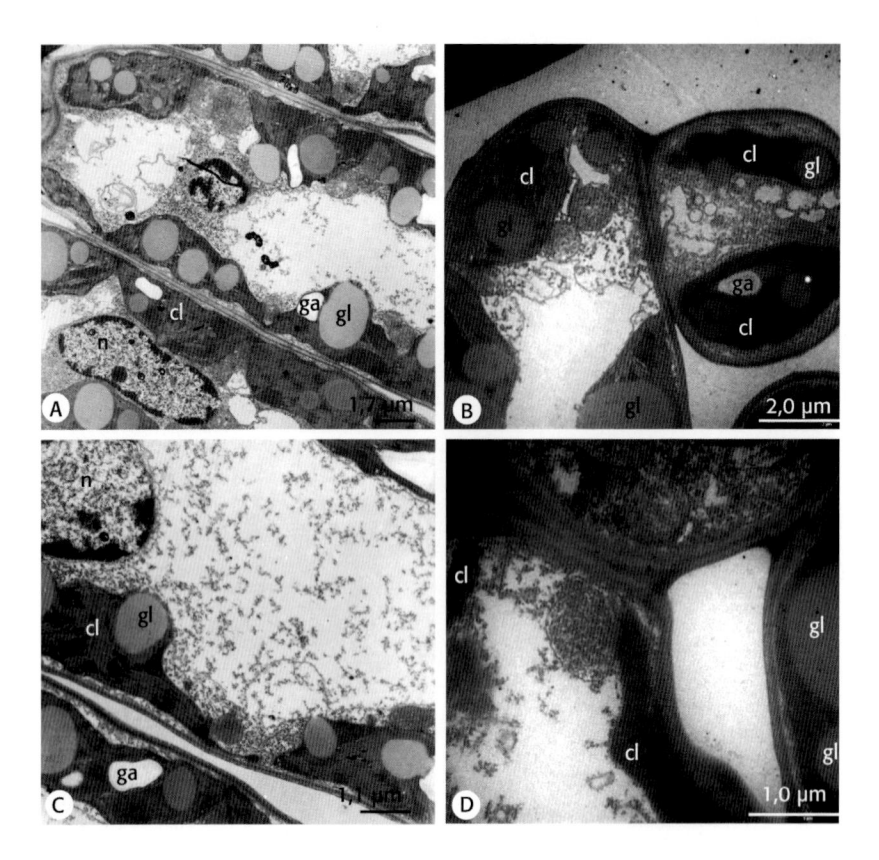

FIG. 3.10 Eletrofotomicrografias de *Ceiba speciosa* (paineira). Aspecto geral da célula do tecido foliar: tratamento completo (A) e com omissão de ferro (B); parte da célula: tratamento completo (C) e com omissão de ferro (D); n-núcleo; cl-cloroplastos; ga-grânulos de amido; gl-glóbulos de lipídios

Fonte: Sorreano (2006).

mais sensíveis à deficiência desse micronutriente, o que explica o desarranjo estrutural dessas organelas.

Molibdênio (Mo)

As plantas deficientes em Mo apresentaram alterações nos cloroplastos, com redução no número de *grana* e tilacoides menores, com ocorrência de manchas escuras no interior dessa organela (Fig. 3.12).

Segundo Fido et al. (1977), as plantas deficientes em Mo, quando supridas com nitrogênio na forma nítrica, apresentaram aumento e dilatação no cloroplasto, acompanhados por redução no número de *grana* e tilacoides menores. Dessa forma, a ocorrência de manchas escuras observadas no interior dos cloroplastos pode estar rela-

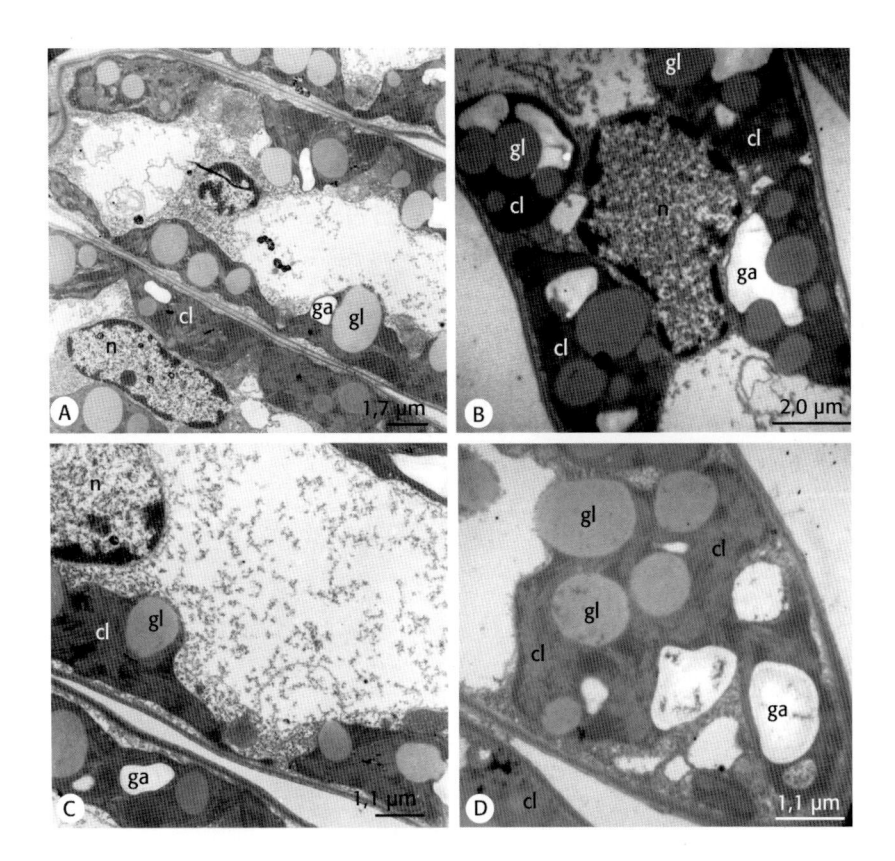

FIG. 3.11 Eletrofotomicrografias de *Ceiba speciosa* (paineira). Aspecto geral da célula do tecido foliar: tratamento completo (A) e com omissão de manganês (B); parte da célula: tratamento completo (C) e com omissão de manganês (D); n-núcleo; cl-cloroplastos; ga-grânulos de amido; gl-glóbulos de lipídios

Fonte: Sorreano (2006).

cionada com o efeito do acúmulo de nitrato na célula, em razão da ausência de Mo, que atua na indução da enzima redutase do nitrato (Taiz; Zeiger, 2004).

Zinco (Zn)

As plantas deficientes em Zn apresentaram tamanho reduzido dos cloroplastos, com desestruturação destes e maior acúmulo de grânulos de amido (Fig. 3.13).

O acúmulo de amido observado na carência de Zn pode derivar da sua participação na síntese de proteínas; já as desorganizações nos cloroplastos decorrem da redução da atividade da enzima superóxido dismutase, que evita danos celulares provocados por radicais superóxidos (Kirkby, 2005; Malavolta, 2006).

Resultados semelhantes foram observados por Hamzah e Gómez (1979) em folhas de seringueira e por Reed (1939) em folhas de tomateiro, nos quais o tamanho e o número de cloroplastos por célula foram reduzidos em folhas com deficiência de Zn, quando comparados à testemunha.

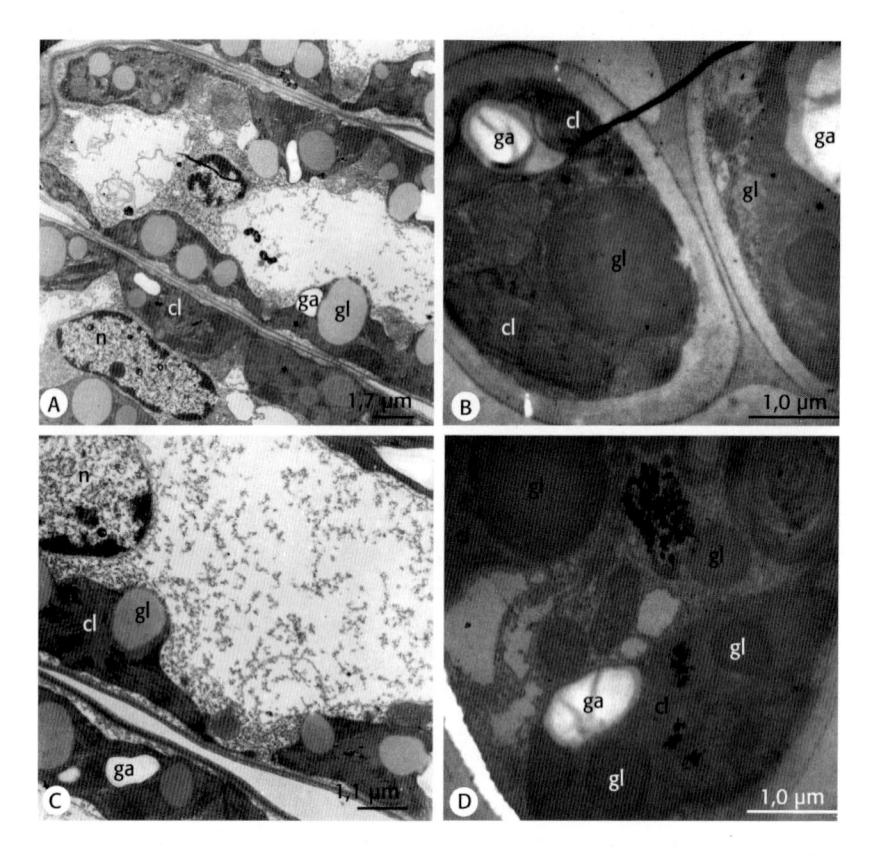

FIG. 3.12 Eletrofotomicrografias de *Ceiba speciosa* (paineira). Aspecto geral da célula do tecido foliar: tratamento completo (A) e com omissão de molibdênio (B); parte da célula: tratamento completo (C) e com omissão de molibdênio (D); n-núcleo; cl-cloroplastos; ga-grânulos de amido; gl-glóbulos de lipídios

Fonte: Sorreano (2006).

3.3 Considerações finais

Os sintomas de deficiência observados nas espécies florestais

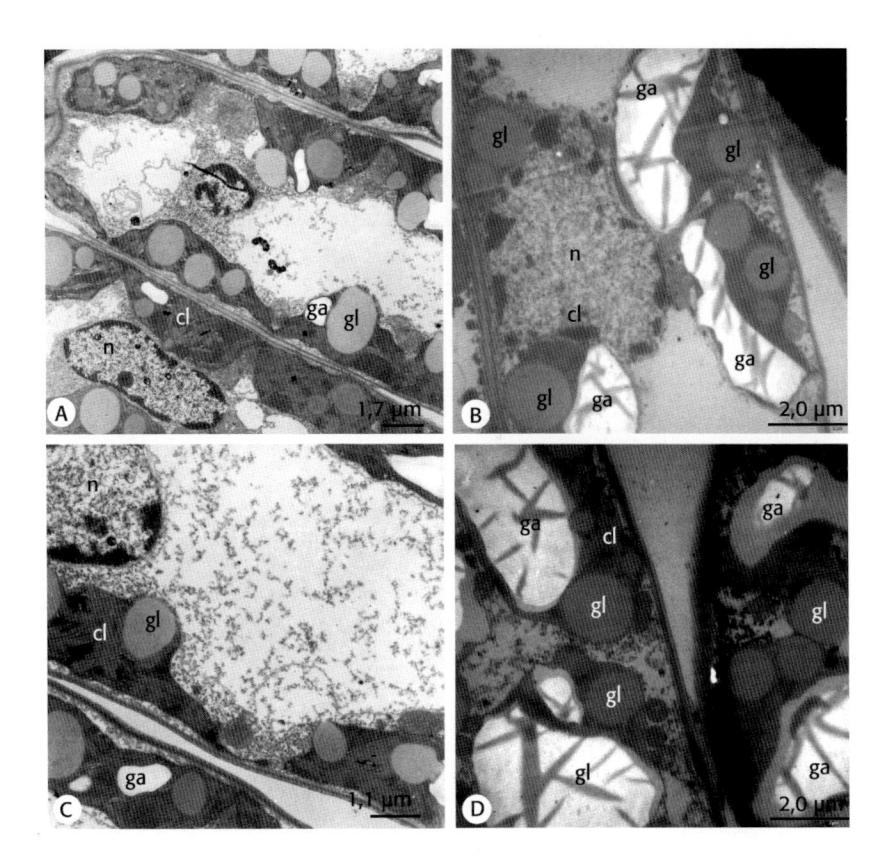

FIG. 3.13 Eletrofotomicrografias de *Ceiba speciosa* (paineira). Aspecto geral da célula do tecido foliar: tratamento completo (A) e com omissão de zinco (B); parte da célula: tratamento completo (C) e com omissão de zinco (D); n-núcleo; cl-cloroplastos; ga-grânulos de amido; gl-glóbulos de lipídios

Fonte: Sorreano (2006).

correspondem aos padrões descritos para as plantas cultivadas, os quais foram comprovados nos estudos de microscopia eletrônica da espécie *Ceiba speciosa* (paineira), mostrando que os sintomas são típicos do elemento, independentemente das espécies estudadas. Esses resultados confirmam outras evidências de que a complementação nutricional é um dos principais fatores determinantes do sucesso de projetos de recuperação florestal.

Porém, os sintomas de deficiências nutricionais podem ser utilizados como um indicador no monitoramento florestal, ou seja, ao observarmos as espécies florestais sensíveis à omissão dos nutrientes, como, por exemplo, *Ceiba speciosa*, *Acacia polyphylla*, *Guazuma ulmifolia* e *Cytharexyllum myrianthum*, podemos detectar as deficiências nutricionais que estão ocorrendo no campo. A identificação e a correção das deficiências permitirão fazer uma intervenção correta e sem perdas, com menor impacto ambiental, ajudando na sobrevivência das espécies no campo e, consequentemente, no aprimoramento e sucesso dos projetos de recuperação de áreas degradadas.

No entanto, este estudo deve ser considerado preliminar para trabalhos de campo destinados a programas de correção e adubação de solos para espécies florestais nativas.

Referências bibliográficas

ALPI, A.; TOGNONI, F. *Cultivo en invernadero*. Madrid: Ediciones Mundi Prensa, 1997.

BARBOSA, Z. *Efeito do fósforo e do zinco na nutrição e crescimento de Myracrodruon urundeuva* Fr. All. *(aroeira-do-sertão)*. 1994. 105 f. Dissertação (Mestrado em Agronomia) – Escola Superior de Agricultura de Lavras, Lavras, 1994.

BARR, R.; HALL, D. D.; BASZYNSKI, T.; BRAND, J.; KROGMANN, D. W.; CRANE, F. L. Photossystem 1 and 2 reactions in mineral-deficient maize chloroplasts. I. The role of chloroplast sulfolipid. *Proceedings of the Indiana Academic Science*, In press, 1972.

BARROSO, D. G.; FIGUEREDO, F. A. M. M.; PEREIRA, R. C.; MENDONÇA, A. V. R.; SILVA, L. C. Diagnóstico de deficiências de macronutrientes em mudas de teca. *Revista Árvore*, Viçosa, v. 29, n. 5, p. 671-679, 2005.

BLOOM, A. J. Crop acquisition of ammonium and nitrate. In: BOOTE, K. J.; BENNETT, J. M.; SINCLAIR, T. R.; PAULSEN, G. M. (Ed.). *Physiology and determination of crop yield*. Madison: Crop Science Society of America, 1994. p. 303-309.

BOGORAD, L.; PIRES, G.; SWIFT, H.; NICILRATH, W. J. The structure of chloroplasts in leaf tissue of iron deficient Xanthium. *Proceedings of the Symposia in Biology*, Brookhaven, v. 11, n. 5, p. 132-137, 1959.

BRAGA, F. A.; VALE, F. R.; VENTORIN, N.; AUBERT, E.; LOPES, G. A. Exigências nutricionais de quatro espécies florestais. *Revista Árvore*, Viçosa, v. 19, n. 1, p. 18-31, 1995.

BROWN, P. H.; HU, H. Does boron play only a structural role in the growing tissues of higher plants? *Plant and Soil*, Dordrecht, v. 196, p. 211-215, 1997.

CLARK, D. B.; CLARK, D. A. Seedling dynamics of a tropical tree: impacts of herbivory and meristem damage. *Ecology*, n. 66, p. 1884-1892, 1985.

DANIEL, O.; VITORINO, A. C. T.; ALOVISI, A. A.; MAZZOCHIN, L.; TOKURA, A. M.; PINHEIRO, E. R; SOUZA, E. F. Aplicação de fósforo em mudas de *Acacia magium*. *Revista Árvore*, Viçosa, v. 21, n. 2, p. 163-168, 1997.

DELL, B.; MALAJCZUK, N.; GROVE, T. S. *Nutrient disorders in plantation eucalyptus*. Canberra City: ACIAR, 1995.

DENSLOW, J. S. The effect of understory palms and cyclanths on the growth and survival of *Inga* seedlings. *Biotropica*, v. 3, n. 23, p. 225-234, 1991.

DIAS, L. E.; FARIA, S. M.; FRANCO, A. A. Crescimento de mudas de *Acacia mangium* Willd em resposta à omissão de macronutrientes. *Revista Árvore*, Viçosa, v. 18, n. 2, p. 123-131, 1994.

DUBOC, E. Enriquecimentos nutricionais de espécies florestais nativas: Hymenae coubaril, Copaifera langsdorffii e Peltophorum dubium. 1994. 68f. Dissertação (Mestrado em Agronomia) – Escola Superior de Agricultura de Lavras, Lavras, 1994.

EPSTEIN, E. Nutrição mineral das plantas: princípios e perspectivas. Rio de Janeiro: Livros Técnicos e Científicos, 1975.

EPSTEIN, E.; BLOOM, A. J. Mineral nutrition of plants: principles and perspectives. 2. ed. Sunderland: Sinauer Associates, 2005.

FENNER, M. Seedlings. The New Phytologist, n. 106 (Supplement), p. 35-47, 1987.

FIDO, R. J.; GUNDRY, C. S.; HEWITT, E. J.; NOTTON, B. A. Ultrastructural features of molybdenum deficiency and whiptail of cauliflower leaves: Effects of nitrogen source and tungsten substitution for molybdenum. Australian Journal of Plant Physiology, Melbourne, v. 4, p. 675-689, 1977.

FURLANI, A. M. C. Nutrição mineral. In: KERBAUY, G. B (Ed.). Fisiologia vegetal. Rio de Janeiro: Guanabara Koogan, 2004.

FURTINI NETO, A. E.; CAVACCHIOLI, F.; FERNANDES, L. A.; VALE, F. R. Crescimento, níveis críticos e frações fosfatadas em espécies florestais. Pesquisa Agropecuária Brasileira, Brasília, v. 35, n. 6, p. 1191-1198, 2000a.

FURTINI NETO, A. E.; SIQUEIRA, J. S.; CURI, N.; MOREIRA, F. M. S. Fertilização em reflorestamento com espécies nativas. In: GONÇALVES, J. L. M.; BENEDETTI, V. Nutrição e fertilização florestal. Piracicaba: IPEF, 2000b. Cap. 12. p. 351-383.

GONÇALVES, J. L. M.; SANTARELLI, E. G.; MORAES NETO, S. P.; MANARA, M. P. Produção de mudas de espécies nativas: substrato, nutrição, sombreamento e fertilização. In: GONÇALVES, J. L. M.; BENEDETTI, V. Nutrição e fertilização florestal. Piracicaba: IPEF, 2000. Cap. 11. p. 309-350.

HALL, J. D.; BARR, R.; AL-ABBAS, A. H.; CRANE, F. L. The ultrastructure of chloroplasts in mineral-deficient maize leaves. Plant Physiology, Rockville, v. 50, p. 404-409, 1972.

HAMZAH, S. B.; GOMEZ, J. B. Ultrastructure of mineral deficient leaves of Hevea I. Effects of macronutrients deficiencies. Journal of the Rubber Research Institute of Malaysia, Kuala Lumpur, v. 27, n. 3, p. 132-142. 1979.

HANEKLAUS, S.; BLOEM, E.; SCHNUG, E.; De KOK, L. J.; STULEN, I. Sulfur. In: BARKER, A. V.; PILBEAM, D. J. Handbook of plant nutrition. Boca Raton: CRC Press, 2006. p. 183-238.

HARPER, J. L. Population biology of plants. London: Academic Press, 1977.

HELL, R. Molecular physiology of plant sulfur metabolism. Plant Physiology, Rockville, v. 202, p. 138-148, 1997.

HEWITT, E. J. Sand and water culture methods used in the study of plant nutrition. 2. ed. London: Commonwealth Agricultural Bureaux, 1966.

HU, H.; BROWN, P. H. Localization of boron in cell walls of squash and tobacco and its association with pectin. Evidence for a structural role of boron in the cell wall. *Plant Physiology*, Rockville, v. 105, p. 681-689, 1994.

ISHII, T.; MATSUNAGA, T. Isolation and characterization of a boron-rhamnogalacturonan II complex from cell walls of sugar beet pulp. *Carbohydrate Research*, Oxford, v. 284, p. 1-9, 1996.

JOHNSON, C. M.; STOUT, P. R.; BROYER, T. C.; CARTON, A. B. Comparative chlorine requirements of different plant especies. *Plant and Soil*, Dordrecht, v. 8, p. 337-353, 1957.

KABATA-PENDIAS, A. *Trace elements in soils and plants*. 3. ed. Boca Raton: CRC Press. 2001.

KIRKBY, E. A. Essential elements. In: HILLEL, D. *Encyclopedia of soils in the environment*. Oxford: Academic Press, 2005. p. 478-485.

KOBAYASHI, M.; MATOH, T.; AZUMA, J. Two chains of rhamnogalacturonan II are cross-linked by borate-diol ester bonds in higher plant cell walls. *Plant Physiology*, Rockville, v. 110, p. 1017-1020, 1996.

KOPRIVOVA, A.; SUTER, M.; OP DEN CAMP, R.; BRUNOLD, C.; KOPRIVA, S. Regulation of sulfate assimilation by nitrogen in *Arabidopsis*. *Plant Physiology*, Rockville, v. 122, p. 737-746, 2000.

KOUCHI, H.; KUMAZAWA, K. Anatomical responses of root tips to boron deficiency: III. Effect of boron deficiency on sub-cellular structure of root tips, particularly on morphology of cell wall and its related organelles. *Soil Science Plant Nutrition*, Madison, v. 22, p. 53-71, 1976.

LÄUCHLI, A.; BIELESKI, R. L. *Inorganic Plant Nutrition Encyclopedia of Plant Physiology*. Berlin: Springer-Verlag, 1983. v. 15a-15b.

LAULHERE, J. P.; MACHE, R. Induction des syntheses de mRNA et Rrna chloroplastique par le fer lors du verdissement de feulles chlorosees. *Physiologie Vegetale*, Paris, v. 16, p. 643-656, 1978.

LIMA, H. N.; VALE, F. R.; SIQUEIRA, J. O.; CURI, N. Crescimento inicial a campo de sete espécies arbóreas nativas em resposta à adubação mineral com N, P e K. *Ciência e Agrotecnologia*, Lavras, v. 21, p. 189-195, 1997.

LOOMIS, W. D.; DURST, R. W. Chemistry and biology of boron. *Biofactors*, Oxford, v. 3, p. 229-239, 1992.

LORENZI, H. *Árvores brasileiras*: manual de identificação e cultivo de plantas arbóreas nativas do Brasil. Nova Odessa: Plantarum, 1992.

MALAVOLTA, E. *Manual de nutrição mineral de plantas*. São Paulo: Agronômica Ceres, 2006.

MALAVOLTA, E.; MORAES, M. F. Fundamentos do nitrogênio e do enxofre na nutrição mineral das plantas cultivadas. In: YAMADA, T.; ABDALLA, S. R. S.; VITTI, G. C.

Nitrogênio e enxofre na agricultura brasileira. Piracicaba: International Plant Nutrition Institute, 2007. p. 189-249.

MALAVOLTA, E.; VITTI, G. C.; OLIVEIRA, S. A. *Avaliação do estado nutricional das plantas*: princípios e aplicações. 2. ed. Piracicaba: Associação Brasileira para a Pesquisa da Potassa e do Fosfato, 1997.

MALAVOLTA, E.; NOGUEIRA, N. G. L; HEINRICHS, R.; HIGASHI, E. N.; RODRÍGUEZ, V.; GUERRA, E.; OLIVEIRA, S .C.; CABRAL, C. P. Evaluation of nutritional status of the cotton plant with respect to nitrogen. *Communications in Soil Science and Plant Analysis*, v. 35, n. 7-8, p. 1007-1019, 2004.

MARQUES, T. C. L. L. M.; CARVALHO, G. de; LACERDA, M. P. C.; MOTA, P. E. F. da. Exigências nutricionais do paricá (*Schizolobium amazonicum*, Herb.) na fase de muda. *Cerne*, Lavras, v. 10, n. 2, p. 167-183, 2004.

MARSCHNER, H. General Introduction to the Mineral Nutrition of Plants. In: LÄUCHLI, A.; BIELESKI, R. L. (Ed.). *Encyclopedia of Plant Physiology*. Berlim: Springer-Verlag, 1983. p. 5-60.

MARSCHNER, H. *Mineral nutrition of higher plants*. 2. ed. London: Academic Press, 1995.

MATOH, T. Boron in plant cell walls. In: DELL, B.; BROWN, P. H.; BELL, R. W. *Boron in soil and plants*: Reviews. London, v. 193, p. 59-70, 1997.

MATOH, T.; KOBAYASHI, M. Boron and Calcium, essential inorganic constituents of pectic polysaccharides in higher plant cell walls. *Journal of Plant Research*, Tokyo, v. 111, p. 179-190, 1998.

MELO, F. P. L. de; AGUIAR NETO, A. V. de; SIMABUKURO, E. A.; TABARELLI, M. Recrutamento e estabelecimento de plântulas. In: FERREIRA, A. G.; BORGHETTI, F. (Ed.). *Germinação do básico ao aplicado*. Porto Alegre: Artmed, 2004.

MENDONÇA, A. V. R.; NOGUEIRA, F. D.; VENTURIN, N.; SOUZA, J. S. Exigências nutricionais de *Myracrodruon urundeuva* Fr. All. (aroeira-do-sertão). *Cerne*, Lavras, v. 5, n. 2, p. 65-75, 1999.

MENGEL, K.; KIRKBY, E.A. *Principles of plant nutrition*. Bern: International Potash Institute, 1987.

MENGEL, K.; KIRKBY, E. A. *Principles of plant nutrition*. 5. ed. Dordrecht: Kluwer Academic Publishers, 2001.

MUNIZ, A. S.; SILVA, M. A. G. Exigências nutricionais de mudas de peroba-rosa (*Aspidosperma polyneuron*) em solução nutritiva. *Revista Árvore*, Viçosa, v. 19, n. 2, p. 263-271, 1995.

O'NEILL, M. A.; WARRENFELTZ, D.; KATES, K.; PELLERIN, P.; DOCO, T.; DARVILL, A. G.; Albersheim, P. Rhamnogalacturonan II, a pectic polysaccharide in the walls of growing plant cells, forms a dimer that is covalently cross-linked by a borate ester. *Journal of Biological Chemistry*, Rockville, v. 271, p. 22923-22930, 1996.

OMETTO, J. C. *Registros e estimativas dos parâmetros meteorológicos da região de Piracicaba, SP*. Piracicaba: FEALQ, 1991.

PILBEAN, D. J.; KIRKBY, E. A. The physiological role of boron in plants. *Journal of Plant Nutrition*, New York, v. 6, n. 7, p. 563-582, 1983.

POSSINGHAM, J. V.; VESK, M.; MERCER, F. V. The fine structure of leaf cells of Mn deficient spinach. *Journal of Ultrastructure Research*, San Diego, v. 11, p. 68-83, 1964.

REED, H. S. The relation of copper and zinc salts to leaf structure. *American Journal of Botany*, Columbus, v. 26, p. 29-33, 1939.

RENÓ, N. B.; SIQUEIRA, J. O.; CURI, N.; VALE, F. R. Limitações nutricionais ao crescimento inicial de quatro espécies arbóreas nativas em Latossolo Vermelho-Amarelo. *Pesquisa Agropecuária Brasileira*, Brasília, v. 32, p. 17-25, 1997.

RESENDE, A. V.; FURTINI NETO, A. E.; MUNIZ, J. A.; CURI, N.; FAQUIN, V. Crescimento inicial de espécies florestais de diferentes grupos sucessionais em resposta a doses de fósforo. *Pesquisa Agropecuária Brasileira*, Brasília, v. 34, n. 11, p. 2071-2081, 1999.

RÖMHELD, V. Aspectos fisiológicos dos sintomas de deficiência e toxidade de micronutrientes e elementos tóxicos em plantas superiores. In: FERREIRA, M. E.; CRUZ, M. C. P da; RAIJ, B. van; ABREU, C. A. de. *Micronutrientes e elementos tóxicos na agricultura*, Jaboticabal: CNPq/Fapesp/Potafos, 2001. Cap. 4. p. 71-85.

SALVADOR, J. O.; MOREIRA, A.; MURAOKA, T. Sintomas visuais de deficiências de micronutrientes e composição mineral de folhas em mudas de goiabeira. *Pesquisa Agropecuária Brasileira*, Brasília, v. 34, n. 9, p. 1655-1662, 1999.

SANCHEZ, C. A. Phosphorus. In: BARKER, A. V.; PILBEAM, D. J. *Handbook of plant nutrition*. Boca Raton: CRC Press, 2006. p. 51-90.

SARCINELLI, T. S.; RIBEIRO Jr., E. S.; DIAS, L .E.; LYNCH, L. S. Sintomas de deficiência nutricional em mudas de *Acacia holosericea* em resposta à omissão de macronutrientes. *Revista Árvore*, Viçosa, v. 28, n. 2, p. 173-181, 2004.

SILVA, I. R.; FURTINI NETO, A. E.; CURI, N. Eficiência nutricional para potássio em espécies florestais nativas. *Revista Brasileira de Ciência Solo*, v. 20, p. 257-264, 1996.

SILVA, I. R.; FURTINI NETO, A. E.; CURI, N.; VALE, F. R. Crescimento inicial de quatorze espécies florestais nativas em resposta à adubação potássica. *Pesquisa Agropecuária Brasileira*, Brasília, v. 32, n. 2, p. 205-212, 1997.

SILVEIRA, R. L. V. A.; MOREIRA, A.; TAKASHI, E. N.; SGARBI, F.; BRANCO, E. F. Sintomas de deficiência de macronutrientes e de boro em clones híbridos de *Eucalyptus grandis* com *Eucalyptus urophylla*. *Cerne*, Lavras, v. 8, n. 2, p. 107-116, 2002.

SORREANO, m. c. m. *Avaliação da exigência nutricional na fase inicial do crescimento de espécies florestais nativas*. 2006. 296 f. Tese (Doutorado em Ciências) – Escola Superior de Agricultura Luiz de Queiroz, Piracicaba, 2006.

SORREANO, M. C. M.; MALAVOLTA, E.; SILVA, D. H.; CABRAL, C. P.; RODRIGUES, R. R. Deficiência de micronutrientes em mudas de sangra-d'água (*Croton urucurana*, Baill.). *Cerne*, Lavras, v. 14, n. 2, p. 127-132, abr./jun. 2008.

SORREANO, M. C. M.; MALAVOLTA, E.; SILVA, D. H.; CABRAL, C. P.; RODRIGUES, R. R. Deficiência de macronutrientes em mudas de sangra-d'água (*Croton urucurana*, Baill.). *Cerne*, Lavras, v. 17, n. 3, p. 347-352, jul./set. 2011.

TAIZ, L.; ZEIGER, E. *Fisiologia vegetal*. 3. ed. Porto Alegre: Artmed, 2004.

VELOSO, C. A. C.; MURAOKA, T.; MALAVOLTA, E.; CARVALHO, J. G. de. Deficiência de micronutrientes em pimenta-do-reino. *Pesquisa Agropecuária Brasileira*, Brasília, v. 33, n. 11, p. 1883-1888, 1998a.

VELOSO, C. A. C.; MURAOKA, T.; MALAVOLTA, E.; CARVALHO, J. G. de. Diagnose de deficiência de macronutrientes em pimenta-do-reino. *Pesquisa Agropecuária Brasileira*, Brasília, v. 33, n. 11, p. 1889-1896, 1998b.

VENTURIN, N.; DUBOC, E.; VALE, F. R.; DAVIDE, A. Fertilização de plântulas de *Copifera langsdorffii* Desf. (óleo de copaíba). *Cerne*, Lavras, v. 2, n. 2, p. 30-39, 1996.

VENTURIN, R. P.; BASTOS, A. R. R.; MENDONÇA, A. V. R.; CARVALHO, J. G. Efeito da relação Ca:Mg do corretivo no desenvolvimento e nutrição mineral de mudas de Aroeira (*Myracrodruon urundeuva* Fr. All.). *Cerne*, Lavras, v. 6, n. 1, p. 30-39, 2000.

VENTURIN, N.; SOUZA, P. A. de; MACEDO, R .L. G de; NOGUEIRA, F. D. Adubação mineral da candeia (*Eremanthus erythropappus* (DC) McLeish). *Floresta*, Curitiba, v. 35, n. 2, p. 211-219, 2005.

VIÉGAS, I. J. M. de; BATISTA, M. M. F.; FRAZÃO, D. A. C.; CARVALHO, J. G. de; SILVA, J. F. da. Avaliação dos teores de N, P, K, Ca, Mg e S em plantas de gravioleira cultivadas em solução nutritiva com omissão de macronutrientes. *Revista de Ciências Agrárias*, Belém, n. 38, p. 17-28, 2002.

WELCH, R. M. Importance of seed mineral nutrient reserves in crop growth and development. In: RENGEL, Z. (Org.). *Mineral nutrition of crops*: fundamental mechanisms and implications. Nova York: Food Products Press, 1999.

WHITMORE, T. C. A Review of some aspects of tropical rain forest seedling ecology with suggestions for further enquiry. In: SWAINE, M. D. (Ed.). *The ecology of tropical forest tree seedlings*. Paris: Unesco and The Parthenon Publishing Group, 1996. p. 3-39. (Man and Biosphere Series, 18).

Sobre os autores

Maria Claudia Mendes Sorreano é bióloga, mestre em Ciências Florestais e doutora em Ecologia Aplicada pela Escola Superior de Agricultura Luiz de Queiroz da Universidade de São Paulo (Esalq-USP). Atua na área de Ecologia, com ênfase em Ecologia de Ecossistemas, Ecologia Aplicada e Nutrição Mineral de Plantas, desenvolvendo pesquisas principalmente nos seguintes temas: Ecologia de Florestas Naturais, Restauração Ecológica de Áreas Degradadas, Adubação e Nutrição Mineral de Plantas.

Ricardo Ribeiro Rodrigues é Professor Titular do departamento de Ciências Biológicas da Escola Superior de Agricultura Luiz de Queiroz da Universidade de São Paulo (Esalq-USP), na área de Sistemática e Ecologia Vegetal, com 25 anos de trabalho na universidade, com destaque para sua atuação no ensino, na pesquisa e na extensão em restauração ecológica em diferentes regiões do Brasil, mas particularmente na floresta atlântica. Coordenou o Programa Biota/Fapesp entre 2004 e 2009, além de vários projetos de pesquisa. Atualmente coordena o Programa de Adequação Ambiental de Propriedades Rurais, com mais de 3 milhões de ha em processo de adequação ambiental, com destaque para usinas de cana de açúcar, com mais de 6 mil ha de áreas restauradas e 50 mil ha de florestas remanescentes protegidas. Foi orientador de 58 dissertações e teses. Publicou mais de 82 artigos científicos, 44 capítulos de livros e é co-autor de 6 livros. Coordena o Laboratório de Ecologia e Restauração Florestal (Lerf-Esalq-USP), cujo site apresenta todas as suas produções: <http://www.lerf.esalq.usp>.

Antonio Enedi Boaretto graduou-se em Engenharia Agronômica e obteve os títulos de Mestre e Doutor em Agronomia, com especialização em Solos e Nutrição de Plantas, pela Escola Superior de Agricultura Luiz de Queiroz da Universidade de São Paulo (Esalq-USP). Obteve também os títulos de Livre-Docente e Adjunto e realizou o pós-doutoramento pela Wisconsin University, além de obter o

Bacharelado em Ciências Jurídicas pela Universidade Metodista de Piracicaba. A sua vida profissional de mais 40 anos foi dedicada ao ensino de graduação e pós-graduação na Faculdade de Ciências Agronômicas de Botucatu da Universidade Estadual Paulista (Unesp) e no Centro de Energia Nuclear na Agricultura (Cena-USP), onde atualmente é Colaborador Sênior (pesquisador e professor). Atua na área de Agronomia, com ênfase na aplicação de isótopos estáveis e radioativos em pesquisas de nutrição de plantas e adubação.